中国轻工业“十四五”规划教材

江苏省“十四五”职业教育规划教材

实验室组织与管理

（第二版）

主 编

杨爱萍　蒋彩云

中国轻工业出版社

图书在版编目(CIP)数据

实验室组织与管理 / 杨爱萍，蒋彩云主编. — 2版
. — 北京：中国轻工业出版社，2025. 7
ISBN 978-7-5184-4530-1

Ⅰ. ①实… Ⅱ. ①杨… ②蒋… Ⅲ. ①实验室管理—
高等职业教育—教材 Ⅳ. ①G311

中国国家版本馆 CIP 数据核字(2023)第 162946 号

责任编辑：刘逸飞
策划编辑：张 靓　　责任终审：白 洁　　封面设计：锋尚设计
版式设计：砚祥志远　　责任校对：吴大朋　　责任监印：张 可

出版发行：中国轻工业出版社（北京鲁谷东街 5 号，邮编：100040）
印　　刷：北京君升印刷有限公司
经　　销：各地新华书店
版　　次：2025 年 7 月第 2 版第 3 次印刷
开　　本：787×1092　1/16　印张：13. 25
字　　数：255 千字
书　　号：ISBN 978-7-5184-4530-1　定价：42. 00 元
邮购电话：010-85119873
发行电话：010-85119832　010-85119912
网　　址：http：//www. chlip. com. cn
Email：club@ chlip. com. cn

251190J2C203ZBW

本书编写人员

主　编　杨爱萍（江苏经贸职业技术学院）
蒋彩云（江苏经贸职业技术学院）

编　委（按姓氏笔画排序）
马震雷（江苏经贸职业技术学院）
王宏海（江苏经贸职业技术学院）
刘向阳（中检溯源江苏技术服务有限公司）
张　睿（江苏经贸职业技术学院）
陈　成（江苏经贸职业技术学院）
陈宝宏（江苏经贸职业技术学院）
贾　涛（江苏省理化测试中心）
徐春祥（江苏省食品药品监督检验研究院）
栾　军（南京海关动植物与食品检测中心）
崔　逸（江苏经贸职业技术学院）
薛茂云（江苏经贸职业技术学院）

第二版前言

为了适应“互联网+”背景下“以学生为中心”的教学模式改革，同时适应相关检测行业企业对检测专业学生知识、能力及素质的更高要求，紧跟产业转型升级步伐，瞄准检验检测行业企业新设备、新标准、新技术，使教材内容更有效地满足高等职业教育培养高技能、技术型专门人才的需求，故对教材《实验室组织与管理》进行修订。本次修订旨在建立以纸质教材为核心、以互联网为载体、以信息技术为手段、具有多种终端应用形式的纸质内容与数字化资源融合设计的新形态一体化教材，提高教材的职业性、实用性、适切性、发展性，帮助学生掌握学习过程，达成有效学习。本教材的主要特色如下。

1. 技术领先，内容权威。教材与时俱进，依据 2021 年修订实施的《检验检测机构资质认定管理办法》，立足 RB/T 214—2017《检验检测机构资质认定能力评价　检验检测机构通用要求》，将实验室资质认定相关要素贯串教材中，使教材既有普适的理论知识，又有不同技术层面的独特性，提升教材内容的权威性与科学性。

2. 数字化资源丰富。充分贴合“互联网+”背景下教学模式改革需求，以兼顾纸质教材体系的完整性和逻辑的合理性为前提，依托江苏经贸职业技术学院“双高”重点专业群建设，开发《实验室组织与管理》在线开放课程，制作课件、微课、视频、题库、课程标准、教学设计等数字化资源，同时通过数字化资源展示不同行业实验室特点，实现资源共享、动态更新，有效实现纸质教材、在线课程以及课堂教学的三位一体，创造立体化的学习环境。

3. 校企“双元”开发。依托江苏省产教融合实训平台强大的校企资源，检验检测机构和企业的专家全程参与教材编写，以企业实际应用为基础，将职业标准融入课程中，根据企业具体工作岗位的技能要求以及人才成长的规律，序化理论教学内容，将检验检测行业的新设备、新标准、新技术融入教材，将实际岗位的工作任务转化为教材的教学项目，进而实现教学内容与工作岗位要求的无缝对接，契合培养高技术技能型人才的目标。

4. 充分融入思政元素。教材贯彻落实党的二十大精神，结合行业发展要求，将技术性的劳动教育环节融入教材中，弘扬劳动精神；坚持生命至上，推动绿色发展，通过生动的视频动画与强大的题库设计，强化学生的安全环保和绿色低碳意识；践行敬业、精益专注的工匠精神，提高学生的实际操作能力和创新思维能力，提高学生在社会场域中的参与度，增强职业技术教育的适应性。

本教材既可满足高等职业院校食品、药品检测相关专业教学的需要，又可以供各级检测机构、化工及医药行业工作人员学习、参考之用。

本教材在修订过程中，参考了近年来国内外众多相关资料，在此表示诚挚的谢意。全体编写人员均具备多年从事检测专业相关课程的教学经验和实践经验，并以严谨求实的精神和高度负责的态度参与修订工作。由于编者水平有限，书中难免有疏漏之处，恳请同行和读者批评指正。

编者

第一版前言

随着社会的进步和国际化程度的提高，实验室工作重点开始由准入管理向资质管理转变。引入资质认定手段，全面覆盖实验室管理诸环节，能够促进实验室机构内部质量控制与外部质量监管相结合，技术手段与行政手段相衔接，共同实现有效管理。为了适应相关检测行业企业对检测专业学生的知识、技能及适应能力的更高要求，使教材内容更有效地满足高等职业教育培养高技能、技术型专门人才的需求，故对教材《化验室组织与管理》进行了修订。

本次修订着重体现学生对实验室组织与管理的基本知识、技能的掌握和对食品、药品检测相关实践能力的培养，与高职高专专业课程的授课特点和要求相一致，突出“项目导向、任务驱动”的教学模式，实现课程与教材、理论与实务较好地对接。新教材的主要特色如下。

1. 理实一体，项目化教学。不追求理论体系的完整性，而突出理论知识的实用性。教材内容让学生能在课堂上“动”起来，以“教”为引领，突出学生的动手操作能力，在“学”和“做”中完成知识传授和技能训练。

2. 技术领先。教材与时俱进，将实验室资质认定的 19 个要素进行归纳与整合，贯串教材中，符合目前实验室发展的方向。

3. 面向实际岗位。本教材将职业标准融入课程中，以理化检验标准为准则，以质检部门和企业化验室为依托，使教材内容与企业岗位相对接。

4. 案例教学。把生动鲜活的案例素材编写进教材，注重基本知识、技能和案例的有机结合，增强教材的吸引力，体现“学生主体”的教学模式。

5. 校企资源共享。本教材编写小组有来自检测机构和企业的专家全程参与，实践性强，既可满足高职院校专业教学的需要，还可以作为企业技术培训的优质培训资料。

本教材较《化验室组织与管理》编写脉络更加清晰。以理化检验标准为准则，以质检部门和企业化验室为依托，围绕实验室资质认定这一目标主体，对教材内容重新进行整合和完善，将实验室资质认定的 19 个要素进行分类、分项阐述，设置了七大项目十八个典型工作任务。每个任务均先列出学习目标，包括知识目标和能力目标，指导学生把握学习重点、教师明确教学重点。以实际案例为引导，激发学生的求知欲。

本教材主要供高职高专食品、药品检测相关专业学生学习使用，也可供各级检测机构、化工及医药行业工作人员参考之用。

本教材在编写过程中，参考了近年来国内外众多相关资料，在此表示诚挚的谢意。

全体编写人员均具备多年从事检测专业相关课程的教学经验和实践经验，并以严谨求实的精神和高度负责的态度参与编写工作。

由于编者水平有限，书中难免有疏漏之处，恳请同行和读者批评指正。

编者

目 录 CONTENTS

模块一

实验室设计

学习目标

知识目标

1. 掌握实验室设计的内容和建筑设计的过程。

2. 理解实验室设计对建筑、环境、安全、布局等的基本要求。

3. 了解理化检验、微生物检验及精密仪器等实验室的建筑设计及基础设施设计。

能力目标

1. 根据实验室设计的基本要求，能设计理化检验室的工程管网铺设方案。

2. 根据实验室设计及基础设施建设的基本要求，能设计“微生物检验室”的平面图，并辅以文字说明。

3. 根据不同的检验要求，能正确规划和设计多层、多间专业实验室的整体建筑、基础设施布局，并辅以文字说明。

素质目标

1. 增强对实验室总体布局、建设规划的理解，培养细节决定成败、安全重于泰山的职业素养。

2. 增强对实验室环境条件、检验检测条件的认识，培养态度决定一切、真实准确并重的检验专业素养。

案例导入

小李毕业后一直在某大型食品生产企业从事化验员工作。因工作踏实、肯学肯干，参加工作多年的小李刚被提拔为质量检验部门的副主管，正巧赶上公司的实验室系统需要改建升级，于是领导就将新实验室系统的规划与设计任务交给了小李。这可一时难住了他，因为现代化的实验室系统在建设需求和专业设置上会涉及化学、物理学、生物学、仪器分析、食品科学、生物化学等多个专业门类及学科，而实验室的设施设备设计又会涉及给水、排水、通风、排风、强电、弱电、空调、消防、废气废液处理、集中供气等多种要素，同时还要考虑到环保、安全、可持续发展等诸多要求，这是一个很复杂的系统工程。小李该从哪些方面来完成这项复杂的任务呢？

项目一

实验室的建筑设计

实验室的建筑设计（视频）

建造实验室，从拟定计划到建成使用，一般有编制计划任务书、选择和勘察基地、设计、施工以及交付使用后的回访等几个阶段。设计工作是其中比较重要的过程，它不仅要严格执行国家相关的基本建设规划，而且还要具体贯彻落实实验室的整体建设思路和理念。通过设计这个环节，把计划中有关设计任务的文字资料、内容要求编制成可以直观展示实验室建筑的整套图纸。实验室的建筑设计应当本着坚持科学、合理先进、实用节约的原则，体现标准化、智能化、人性化、前瞻化的特点。

一、 实验室设计的主要内容

实验室的设计，一般包括实验室建筑设计、结构设计和设备设计等几部分，它们之间既有分工，又相互密切配合。

设计人员在进行建筑设计时要依据主管部门有关建设任务、使用要求、建筑面积、单方造价和总投资的批文，以及国家或地方有关部门规定的设计定额和指标，还有工程设计任务书、城建部门同意设计的批文等相关文件。此外，设计单位在接受委托设计该工程项目后，还要通过大量的调研，收集必要的原始数据和勘探设计资料，综合考虑总体规划、基地环境、功能要求、结构施工、材料设备、建筑经济以及建筑艺术等多方面的问题，设计并绘制成实验室的建筑图纸，编写主要意图的说明书与图纸，编写各实验室的计算书、说明书、概算书和预算书。

二、 实验室建筑设计的过程和阶段

实验室建筑设计一般分为设计准备、初步设计、技术设计和施工图设计等几个阶段。

（一）设计准备阶段

1. 熟悉设计任务书

着手设计前，首先要熟悉设计任务书，以明确实验室建设项目的设计要求。设计任务书内容有以下几点。

实验室建筑设计准备工作（视频）

（1）实验室建设项目总的要求和建造目的说明。

（2）各实验室的具体使用要求、建筑面积以及各类实验室之间的面积分配。

（3）实验室建筑的总投资和单方造价，并说明土建费用、房屋设备费用以及道路等室外设施费用情况。

（4）实验室基地范围、大小，周围原有建筑、道路、地段环境的描述，并附有地形测量图。

（5）供电、供水和采暖、空调等设备的要求，并附有水源、电源接用许可文件。

（6）公害处理要求，如对废气、废水、废物、噪声、辐射、振动等的技术处理要求。

（7）设计期限和实验室项目的建设进程要求。

2. 收集必要的设计原始数据

（1）气象资料　所在地区的温度、湿度、日照、雨雪、风向、风速以及冻土深度等。

（2）基地地形及地质水温资料　基地地形标高、土壤种类及承载力、地下水位以及地震烈度。

（3）水电等设备管线资料　基地地下的给水、排水、电缆等管线布置以及基地上的架空线路情况。

（4）设计项目的有关定额指标　国家或所在省市地区有关实验室设计项目的定额指标，例如实验室面积定额、建筑用地、用材等指标。

（5）设计前的调查研究

①各实验室的使用要求：通过调查、了解实验室各岗位人员的工作需求以及同类已建实验室的实际使用情况，对于楼栋间的相互关系、楼层间的布置安排、各实验室间的布局设置以及主要仪器设备的安置位置和设施需求，设计人员要做到“心中有数”。

②建筑材料供应和结构施工等技术条件：了解拟建实验室所在地区建材供应的品种、规格、价格、性能及采用的可能性等。

③基地勘探：根据城建部门所划定的实验室基地图纸，进行现场勘探，依据现状考虑拟建实验室的可能性。

④当地经验和习惯：可根据拟建实验室的当地具体情况，借鉴和选取当地传统建筑中结合当地地理、气候条件而形成的设计布局和创作经验，同时在建筑设计时，也应考虑当地的生活习惯和社会审美需求。

（二）初步设计阶段

1. 初步设计的主要任务

初步设计的主要任务是提出设计方案，其内容包括：确定实验室的组合方式，选定所用建筑材料和结构方案，确定实验室的建设位置，说明设计意图，分析设计方案的合理性以及提出概算书。

经贸创业创意园工程定位图（图片）

经贸创业创意园平面图（图片）

经贸创业创意园剖面图（图片）

2. 初步设计的图纸和设计文件

（1）建筑总平面　比例尺为（1∶500）~（1∶2000），实验室在基地上的位置、标高以及基地上设施的布置和说明。

（2）各层平面及主要剖面、立面　比例尺为（1∶100）~（1∶200），标出各实验室的主要尺寸，实验室的面积、高度以及门窗位置，部分实验室室内用具和设备的布置等。

（3）说明书　设计方案的主要意图、主要构造方案和特点，以及主要技术经济指标等。

（4）建筑概算书　根据不同需要，还可附上建筑模型图或透视图，如图 1-1 所示。

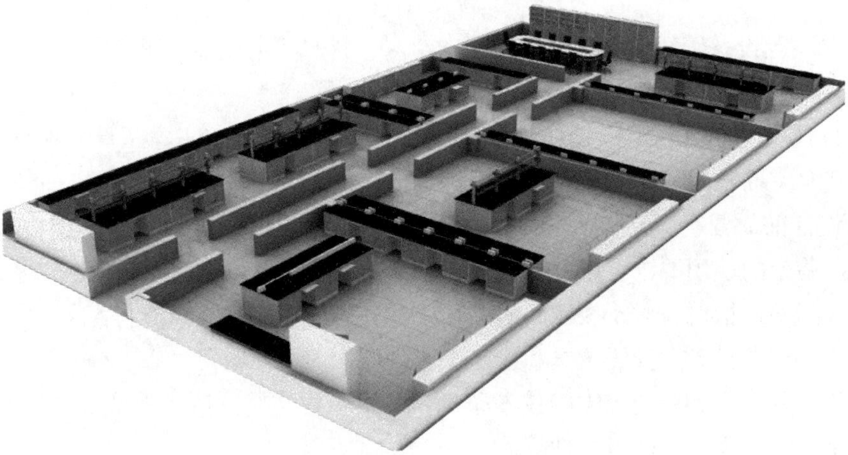

图 1-1　建筑模型图

（三）技术设计阶段

技术设计是实验室建筑设计的中间阶段，它的主要任务是进一步确定各实验室之间的技术问题。

技术设计的内容是为各实验室相互提供资料、提出要求，并共同研究、协调编制拟建各实验室的图纸和说明书，为各实验室编制施工图打下基础。

技术设计的图纸和设计文件要求实验室建筑的图纸标明与技术工种有关的详细尺寸，并编制实验室建筑部分的技术说明书，结构工种应有实验室结构布置方案图，并附初步计算说明，仪器设备也应提供相应的设备图纸及说明书。

（四）施工图设计阶段

1. 施工图设计的主要任务

施工图设计是实验室建筑设计的最后阶段。它的主要任务是满足施工要求，即在初步设计或技术设计的基础上，综合建筑、结构、设备各工种，相互交底、核实核对，深入了解材料供应、施工技术、设备等条件，把满足实验室工程施工的各项具体要求反映在图纸中，做到整套图纸齐全统一、明确无误。

2. 施工图设计的内容

施工图设计的内容包括：确定全部工程尺寸和用料，绘制实验室建筑、结构、设备等全部施工图纸，编制实验室工程说明书、结构预算书。

3. 施工图设计的图纸及设计文件

（1）建筑总平面：比例尺为（1∶500），详细标明基地上实验室建筑物、道路、设施等所在位置的尺寸、标高，并附说明。

（2）各层实验室建筑平面、各个立面及必要的剖面：比例尺为（1∶100）～（1∶200）。

（3）实验室建筑结构节点详图。

（4）各实验室工种相应配套的施工图。

（5）实验室建筑、结构及设备等的说明书。

（6）结构及设备的计算书。

（7）实验室工程的预算书。

三、实验室的建设规划与设计布局的基本要求

（一）实验室的建设规划

实验室的建设规划是实验室具体设计的指导思想，其依据来源于实验室的实际检验工作需要。建设一套完善的实验室系统，必须符合企业产品质量检验的要求；根据生产检验的需要设置日常检验仪器、设备和辅助装置的安置场所及工作环境；根据技术进步的需要，增添或更新技术装备的场所等；根据内部质量控制工作的需要，适当地设置专用工作间、标准样品间等。实验室的建设规划可细分列举如下。

1. 实验室名称

（1）实验室名称　如理化检验室、感官评定室、微生物实验室、药物分析实验室、精密仪器实验室、电子计算机室、称量室、储藏室等。

（2）房屋间数　同类同用途的实验室需要几间，如药物分析实验室需要 3 间，就标明“3”。

（3）使用面积　每间实验室使用面积的大小往往与建筑模数联系起来，应根据当地的施工条件，确定采用何种模数及何种结构、形式比较符合实际。如采用模数为 6m×7m 的柱网，则每间实验室使用面积可填 $40m^2$。

2. 实验室建筑要求

（1）实验室房间位置要求

①底层：实验室设备重量较大或需要防振的房间，可设置在底层。

②楼层：根据实验室的具体要求，分配楼层。

③朝向：有些辅助实验室或实验室本身要求朝北，多数实验室要求朝南，这就需要具体研究，综合平衡。

（2）实验室房间要求　指实验室本身的要求。

①一般清洁：清除废物，擦拭实验台、椅、柜，清洁地面、水池等。

②洁净：进行化验或实验时要求房间内达到一定的洁净要求。

③耐火：不得堆放易燃易爆杂物，配有灭火器、报警器。

④安静。

（3）实验室房间尺寸要求　如按建筑模数排列各实验室，就按模数的倍数填写长、宽、高。如实验室要求必须吊顶，则层高就要相应地增加。有些实验室属于特殊类型的，则采用单独的尺寸。

（4）门的要求

①门的开向：内开，门向房间内开；外开，主要设置在有爆炸危险的房间内。

②隔声：根据实验室安静要求，可设置隔声门。

③保温：如冷藏室要求采用保温门。

④屏蔽：防止电磁场的干扰而设置的屏蔽门。

⑤自动感应门：避免接触门把手，可设置自动感应门。

（5）窗的要求

①开启：指向外开启的窗扇。

②固定：有洁净要求的实验室可以采用固定窗，以防止灰尘进入室内。

③部分开启：在一般情况下窗扇是关闭的，用空气调节系统进行换气；当检修、停电时，则可以开启部分窗扇进行自然通风。

④双层窗：在寒冷地区或空调要求的房间采用。

⑤遮阳：根据实验室的要求而定，有时需用水平遮阳，有时需用垂直遮阳，也可以采用窗帘、百叶窗等遮阳。

⑥屏蔽窗。

⑦隔声窗。

（6）墙面要求

①一般要求：微生物实验室要求墙角为圆角，以免积灰。

②可以冲洗：有的墙面要求清洁，可以冲洗。

③墙裙高度：离地面 1.2~1.5m 的墙面做墙裙，便于清洁。

④保温：冷藏室墙面要求隔热。

⑤耐酸碱：有的实验室在实验时有酸碱气体逸出，要求设计耐酸碱的油漆墙面。

⑥吸声：实验时产生噪声，影响周围环境，墙面要用吸声材料。

⑦消声：实验时避免声音反射或外界的声音对实验有影响，墙面要进行消音设计。

⑧屏蔽：外界各种电磁波对实验室内部实验有影响，或实验室内部发出各种电磁波对外界有影响。

⑨色彩：根据实验室的要求和室内环境的舒适度选用墙面色彩，墙面色彩应该与地面、吊顶、实验台等的色彩协调。

（7）地面要求

①一般要求。

②清洁、防滑、干燥等。

③防振：一种是实验本身所产生的振动，要求设置防振措施以免影响其他房间；另一种是实验本身或精密仪器本身所提出的防振要求。

④防放射性污染。

⑤防静电。

⑥隔声。

⑦架空：由于管线太多或架空的空间作为静压箱，设置架空地板，并提出架空高度。

（8）实验台要求　实验台分岛式实验台（实验台四边可用）、半岛式实验台（实验台三边可用）、靠墙式实验台和靠窗式实验台，需提出实验台的长、宽、高的要求。

（9）其他要求　针对各实验室提出的具体方案要求，再对实验室进行细节设置。

3. 结构

荷载根据性质分为恒载和活荷载两类。恒载是作用在结构上的不变的荷载，如结构自重、土重等；活荷载是作用在结构上的可变荷载，如各楼面活荷载、屋面活荷载、屋面积灰荷载、雪荷载及风荷载等。

（1）地面荷载　指底层地面荷载，即每 $1m^2$ 内平均有多少千克的物体。

（2）楼面荷载　指二层及二层以上的各层楼面活荷载。

（3）屋面荷载　屋面上是否要上人，积灰荷载、雪荷载及风荷载有多少等。

（4）特殊设备附加荷载　有的实验室内如果有特别重的设备，必须注明设备的重量、尺寸大小以及标明设备轴心线与墙的距离。

（5）防护墙密度　有射线实验装置的建筑物，防护墙材料的选择及其墙厚度的尺寸均应根据实验室的不同要求进行仔细考虑，防护墙厚度是某种材料的密度，如采用普通混凝土，其密度为 $2.3t/m^3$。

（6）地基钻探资料　在设计阶段，必须提供地基钻探资料，以便根据钻探资料进行基础设计。

（7）抗震要求　拟建实验室的地区是否属于抗震区、抗震的等级。

4. 供暖通风

应根据 GB 50019—2015《工业建筑供暖通风与空气调节设计规范》规范、科学、合理地设计排风系统，进而达到实验室在设计上的安全、舒适、节能等目的。

工业建筑供暖通风与空气调节设计规范（文档）

（1）供暖

①蒸汽系统：采用蒸汽供暖的系统。

②热水系统：采用热水供暖的系统。

③温度：房间供暖的温度为多少摄氏度。

（2）通风

①自然通风：不设置机械通风系统。

②单通风：靠机械排风。

③局部排风：如某一实验室产生有害气体或气味等需要局部排风。在有机械排风要求时，最好能提出每小时换气次数。

④空调：有些实验室要求恒温、恒湿，采用空气调节系统可以保证实验室内的温度和湿度。给出温度为多少摄氏度，允许温度为正负多少摄氏度，相对湿度为多少百分数。

⑤洁净要求：有些实验室的空气要求保持在一定的洁净度时，则需要提出洁净等级。

（3）补风系统　根据实验室类型的要求进行设计，以实现特定的实验室对房间压差的特定要求。一般理化实验室要求保持微负压（-10~-5Pa）状态；个别特殊的如生物安全实验室则有压力梯度的要求。

5. 气体管道

根据需要选用气体管道，有些实验室需要量特别大的必须注明。气体管道分为氧气、真空、压缩空气及城市煤气等。

6. 给排水

（1）给水

①冷水：即城市中的自来水或采用地下水。

②热水：根据实验要求采用。

③去离子水：有些实验室需要去离子水。

④水温：要求多少摄氏度。

⑤屋顶水箱：设置水箱，有些实验要求较高，要有一定的水压。有的城市水压不够，要设置水箱。

（2）排水　实验室排水系统根据实验室排出废水的成分、性质、流量、排放规律的不同而设置相应的排水系统。

①对于实验室设备的冷却水排水或其他仅含无害悬浮物或胶状物、受污染不严重的废水可不必处理，直接排至室外排水管网。

②对于含有多种成分、有毒有害物质、可互相作用、损害管道、污染环境或造成事故的废水，应与生活污水分开，做预处理使之符合国家标准方可排入室外排水管网或分流排出。

③对于较纯的溶剂废液或贵重试剂，宜在技术经济比较后回收利用。

④排放的废水如需重复使用，应作相应的处理。

⑤对于放射性同位素实验室的排水系统，应将长寿命和短寿命的核素废水分流，废水流向应从清洁区至污染区，放射性核素排水管道的布置和敷设，管材、附件的选择，应符合 GB 18871—2002《电离辐射防护与辐射源安全基本标准》的规定。

GB 18871—2002《电离辐射防护与辐射源安全基本标准》（文档）

7. 电

（1）照明用电

①日光灯。

②白炽灯。

③要求工作面上的照度有多少勒克斯（lx）。

④安全照明。

⑤事故照明：指万一发生危险情况时需要的照明。

⑥明线：电线采用外露形式的。

⑦暗线：电线采用暗装形式的。

（2）设备用电

①设备用电量（kW）：按每台设备的容量提出数据。

②供电电压：标明电压是多少伏特（V）。

③单向插座：标明插座的电流是多少安培（A）。

④三相插座：标明插座的电流是多少安培（A）。

⑤特殊设备：大型设备的用电要求。

⑥供电路数：根据实验的重要性，提出供电要求（指不能停电、要求电压稳定、频率稳定等）。

（3）弱电　针对现代化实验室的发展要求和科技发展趋势，建议主要房间都要设计多个网络通信端口和至少一个电话接口；还需要在主要通道位置设计摄像头进行实验室管理监控，有条件的可以每个房间设计，甚至重要精密仪器室需要加强摄像监控。

8. 防雷

实验室建设地点的雷击情况要调查清楚，提出防雷要求。

9. 电磁屏蔽

现代分析测试仪器属于精密电子仪器设备，在仪器运行时，产生有用的信号强度或电压的同时，也产生其他干扰电压，这种仪器设备本身的内部干扰，要在仪器设备的设计制造中解决。

另一种干扰是仪器设备的外部干扰，仪器设备的有用信号强度或电压，经由电磁波的形式利用辐射或导线传播出去，它将干扰其他电子设备的工作。外部干扰是多种多样的，克服外部干扰问题要采用各种屏蔽方法。

分析测试仪器大多有防电磁场干扰要求，应根据仪器种类和设置地点的电磁场干扰实际情况，采取屏蔽措施，例如火花源质谱室、离子探针室需采用屏蔽室进行电磁屏蔽。

（二）实验室的总体布局

1. 实验室总体布局原则

在对实验室建设提出整体规划要求的同时，也应根据安全和防干扰原则安排各功能实验室的组合，并充分考虑到如下问题。

（1）方便开展实验工作，避免室间干扰，注意各功能实验室的基本要求，一般情况下是工作联系密切或要求相似的实验室相邻布置，有干扰的实验室尽量远离布置。必要时可以对高温加热室的墙体加隔热屏障，以减少对邻室的影响。

（2）便于给排水、供电及其他工程管线的布置。

（3）容易发生危险的实验室，应布置在便于疏散且对其他实验室不发生干扰（或干扰较少）的位置。

（4）可能发生燃烧、爆炸的实验室要考虑灭火禁忌；凡使用灭火剂有可能发生干扰的实验，应分室布置。

（5）总体布局要符合安全要求。

2. 实验室平面布置图的制作

实验室的平面布置是根据实验室性质、实验室的目标定位、实验室的功能要求、实验类型以及实验工艺流程等因素，按照国家相关标准针对实验室既有场地进行科学、合理的功能间区分和布局的工作。在绘制单个实验室平面图和全实验室总体组合布置图时应注意以下几点要求。

（1）根据规划，绘制单个实验室平面布置图，应尽可能详尽，有利于实验室建成后的室内装修和实验设施定位。

（2）总体组合布置图的绘制，应显示主要用电、用水和主要工作台位置，有利于配套设施（包括工程管网、环保设施等）的设计。

（3）为利于建筑设计部门进行建筑设计，应对允许修改的尺寸范围做出尽可能详尽的说明。

此外，为保证实验室职能的充分发挥，由建筑设计部门完成的实验室建筑设计图纸，在最后定案前应征得实验室认同。

常见的实验室平面布置实例如下。

（1）单室布置　把所有实验集中于一个实验室内，如图 1-2 所示。适用于检验类型和项目比较少的小型企业。

（2）多室布置　把某些项目分解为多个环节，分别以专业室的形式进行布置。这种布置通常用于使用精密仪器的实验室，可以充分发挥各功能实验室的作用，又便于不同专业室之间的交流，有利于开展工作。因此，这种布置为多数企业所采用，如图 1-3 所示。多室中还应设计出用于普通试剂存放的试剂储藏室。为了安全，带有危险性的物品，通常储存于主体建筑以外的独立小建筑内。危险物品储藏室应避免阳光直射，远离火源、热源、电源及产生火花的环境。

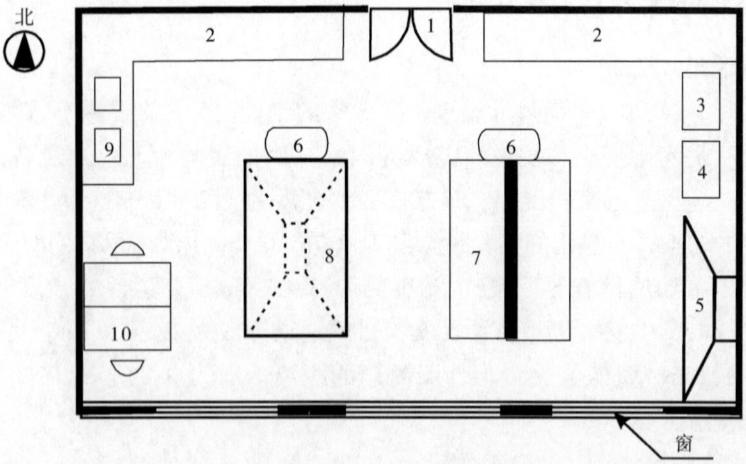

图 1-2　单室布置图

1—门　2—水磨石实验边台　3—马弗炉　4—烘箱　5—通风柜　6—水槽
7—化学实验台　8—水磨石实验台及排风罩　9—天平　10—工作台

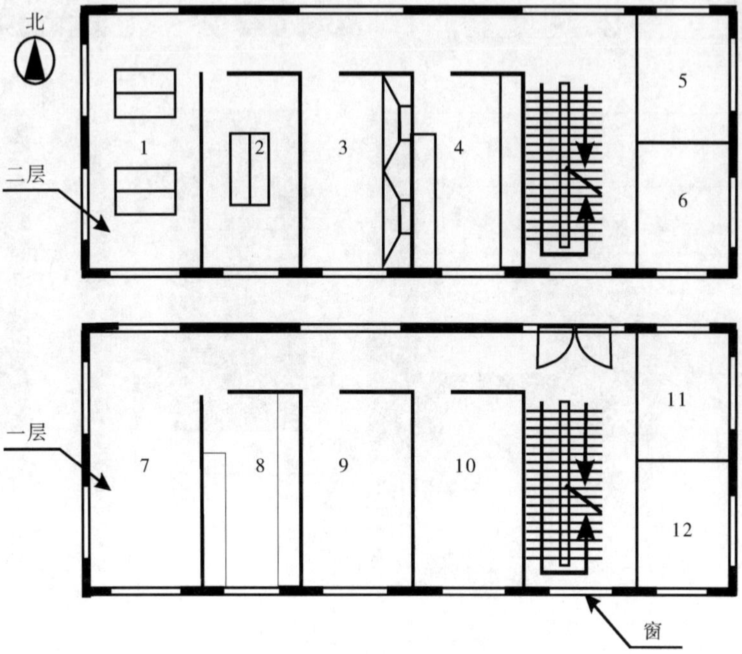

图 1-3　多室布置图

1—化学分析检测室　2—中心准备室　3—样品处理室　4—天平室　5—储藏室
6—卫生间　7—气相色谱分析室　8—紫外分光光度计等仪器室
9—其他仪器室　10—办公室　11—更衣间　12—卫生间

（三）实验室设计布局的基本要求

1. 实验室的尺寸要求

实验室的尺寸要求（视频）

（1）平面尺寸要求　实验室的平面尺寸主要取决于实验工作的要求，并考虑安全和发展的需要等因素，例如实验台、仪器设备的放置和运行空间。通常情况下，岛式实验台宽度为 1.2~1.8m（带工程管网时不小于 1.4m）；靠墙的实验台宽度为 0.75~0.9m（带工程管网时可增加 0.1m）；靠墙的储物架（柜）宽度为 0.3~0.5m。实验台的长度一般是宽度的 1.5~3 倍。通道方面，实验台间通道一般为 1.5~2.1m，实验台与墙之间的通道不小于 1.25m，岛式实验台与外墙窗户的距离一般为 0.8m。具体实验室的平面尺寸要求如图 1-4 所示。

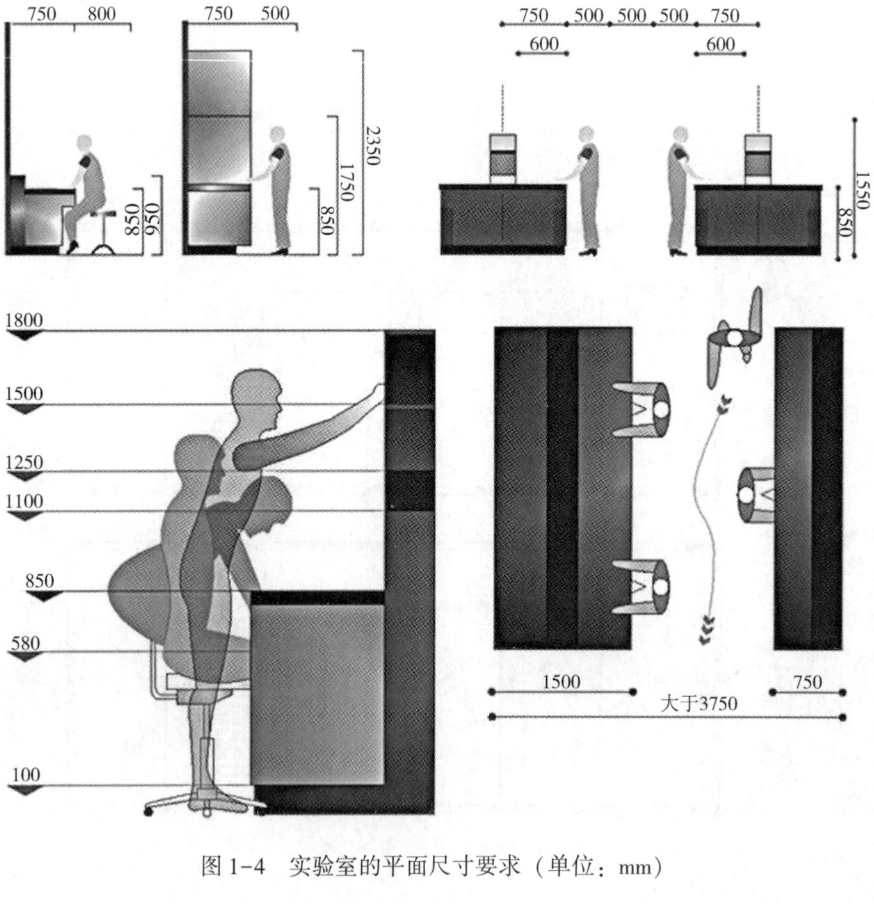

图 1-4　实验室的平面尺寸要求（单位：mm）

在工作空间方面，单人单面工作空间的通道为 1.2m，双人双面工作空间的通道为 1.5m，实验台与安全设备间、安全设备间的通道均为 1.8m。1 台分析天平需要占用工作台 3~4m^2，2 台天平需要 5~6m^2，4 台以上天平，每台需 2m^2。通常情况下天平台面宽度为 0.6m，高 0.7~0.75m。一台普通精密仪器连同准备工作台在内，通常需要 8~10m^2；一台大型精密仪器则需要 15~25m^{2}甚至更大的室内空间，因此需要配备专用的辅助实验室；

一位承担多项分析检验工作的实验人员往往需要占有15~50m²（必要时可以更大）的室内工作区间面积。部分常规通道及空间安置的尺寸要求如图1-5所示。

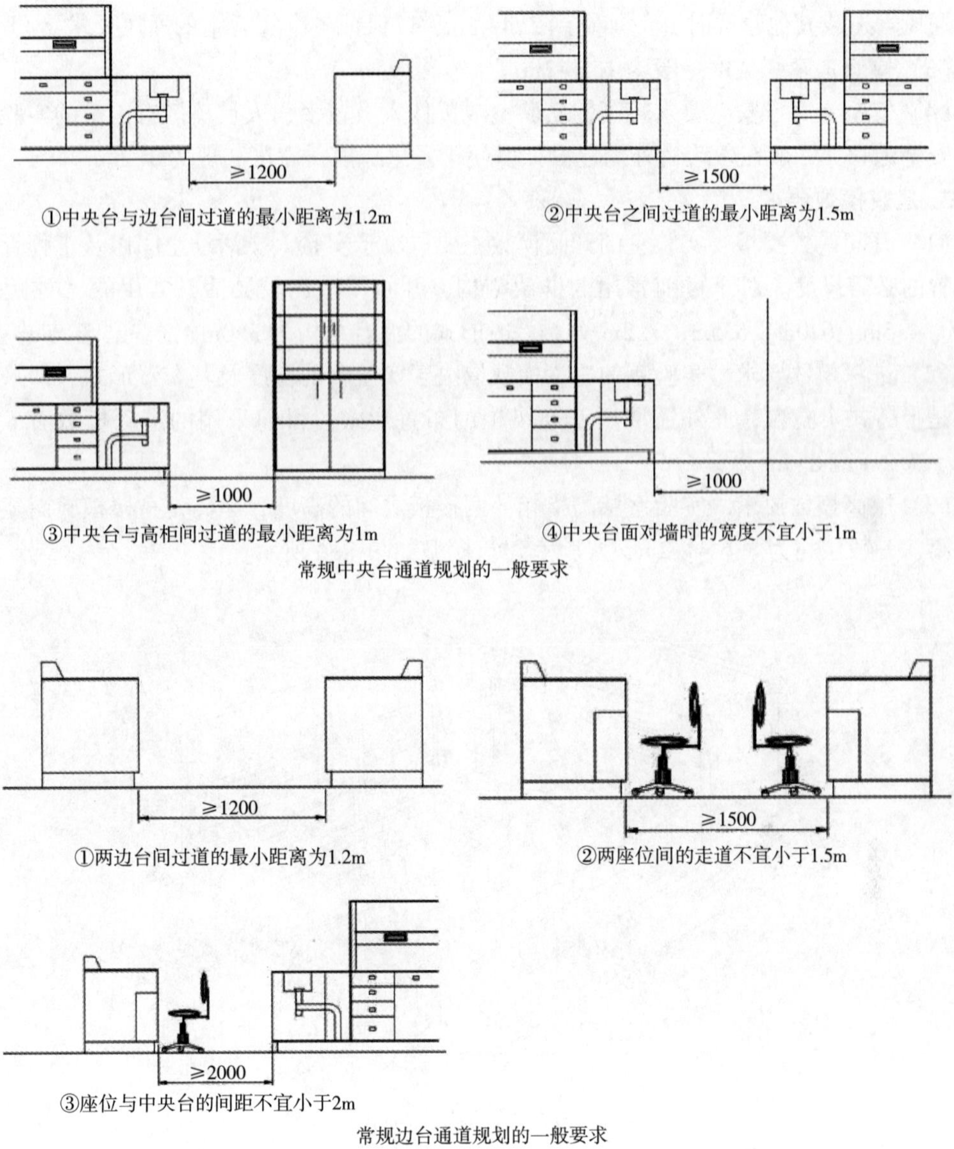

图1-5　部分常规通道及空间安置的尺寸要求（单位：mm）

（2）高度尺寸要求

①一般功能实验室：操作空间高度不应小于2.5m，考虑到建筑结构、通风设备、照明设施及工程管网等因素，新建的实验室，建筑楼层高度采用3.6m或3.9m。

②专用电子计算机室：工作空间净高一般要求为2.6~3m，加上架空地板（高约0.4m，用于安装通风管道、电缆等）以及天花板、装修等因素，建筑高度需高于一般实验室。

2. 走廊要求

（1）单面走廊　适用于狭长的条形建筑物，单面走廊净宽 1.5m 左右。

（2）双面走廊　适用于长而宽的建筑物，中间为走廊，净宽 1.8~2m，当走廊上空布置有通风管道或其他管线时，应加宽到 2.4~3m，以保证各个实验室的通风要求。

（3）检修走廊　宽度一般为 1.5~2m。

（4）安全走廊　安全要求较高的实验室或工作人员较多、人员疏散有困难的实验室需设置安全走廊，一般在建筑物外侧建设，以便于紧急疏散，宽度一般为 1.2m。

3. 建筑模数要求

（1）开间模数要求　实验室的开间模数主要取决于实验人员活动空间以及工程管网合理布置的必需尺度。对于目前常用的框架结构，开间尺寸比较灵活，常用的“柱距”有 4.0m、4.5m、6.0m、6.5m、7.2m 等。一般旧式的混合结构为 3.0m、3.3m、3.6m。

（2）进深模数要求　实验室的进深模数取决于实验台的长度及其布置形式，即采用岛式还是半岛式实验台，此外还取决于通风柜的布置形式。目前采用的进深模数有 6.0m、6.6m、7.2m 或 8.4m 等。

（3）层高模数要求　实验室层高指相邻两楼板之间的高度，净高是指楼板底面至楼板的距离，一般层高为 3.6~4.2m，实验室建筑模型如图 1-6 所示。

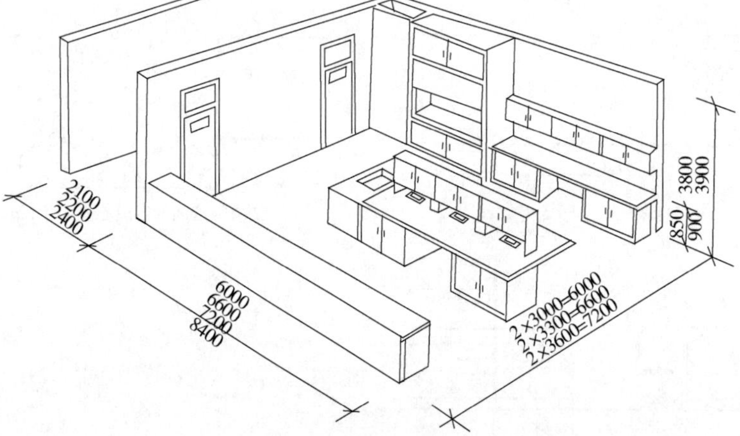

图 1-6　实验室建筑模型图（单位：mm）

4. 实验室的朝向

实验室一般应取南北朝向，并避免在东西向（尤其是西向）的墙上开门窗，以防止阳光直射实验室仪器、试剂，影响实验工作的进行。若条件不允许，或取南北朝向后仍有阳光直射室内，则应设计局部遮阳或采取其他补救措施。在进行室内布局设计的时候，也应考虑朝向的影响。

5. 建筑结构和楼面载荷

（1）实验室宜采用钢筋混凝土框架结构，可以方便地调整房间间隔及安装设备，并具有较高的载荷能力。对于旧有楼房改建的实验室，必须注意楼板的承载能力，必要时应采取加强措施。

（2）根据 GB 50009—2012《建筑结构荷载规范》对实验室载荷的要求，标准值一般取2.0kPa。此要求可以满足一般实验室的使用要求，但是对于一些特殊实验室，如包含试生产设备实验室，拥有较多储水设备的实验室，重型箱体设备集中的实验室等，在设计时需要考虑增加局部载荷标准。当需要载荷量较大而采取加强措施又不太经济时，应安置在底层。

（3）在非专门设计的楼房内，实验室宜安排在较低的楼层。

建筑结构荷载规范（文档）

（4）实验室应使用不脱落的墙壁涂料，也可以镶嵌瓷片（或墙砖）以避免墙灰掉落。

（5）实验室的操作台及地面应做防腐蚀处理。实验室如安装地板应考虑防静电。

6. 实验室建筑的防火

一般性的消防要求可以参照 GB 50016—2014《建筑设计防火规范》，主要关注实验室对于消防的一些特殊要求。

（1）实验室建筑的耐火等级　应按一、二级耐火等级设计，吊顶、隔墙及装修材料应采用防火材料。

建筑设计防火规范（文档）

（2）疏散楼梯　位于两个楼梯之间的实验室的门至楼梯的最大距离为30m，走廊末端的实验室的门至楼梯的最大距离不超过15m。

（3）走廊净宽　走廊净宽要满足安全疏散要求，单面走廊净宽最小为1.3m，中间走廊净宽最小为1.4m。不允许在实验室走廊上堆放储物柜及其他物品、设施。为确保人员安全疏散，专用的安全走廊净宽应达到1.2m。

（4）实验室的出入口　单开间实验室的门可以设置一个，双开间及以上的实验室的门应设置两个出入口，如两个出入口不能全部通向走廊，则其中之一可以通向邻室，或在隔墙上留有方便出入的安全通道。

7. 采光和照明

进行精密实验的工作室，采光系数应取0.2~0.25（或更大），当采用电气照明时，其照度应达到150~200lx。

一般工作室采光系数可取0.1~0.12，电气照明的照度为80~100lx。

在有裸露旋转机械的工作区，人工照明应避免使用荧光灯具，以免因灯光的“频闪”现象而产生“停转”错觉。

存有感光性试剂的实验室，在采光和照明设计时可以加滤光装置以削弱紫外线的影响。

凡可能由于照明系统引发危险，或有强腐蚀性气体的环境的照明系统，在设计时应采取相应的防护措施，如使用防爆灯具等。

四、实验室的平面系数

在设计过程中经常碰到总建筑面积、建筑面积、使用面积、辅助面积及平面系数（*K*

值）等指标。

总建筑面积是指几幢实验室建筑面积之和。

建筑面积为一幢实验室大楼各层外墙外围的水平面积之和（包括地下室、技术层、屋顶通风机房、电梯间等）。

使用面积是指实际有效的面积。

辅助面积是指大厅、走廊、电梯、卫生间、管道竖井、墙厚、柱子等面积之和。

平面系数=使用面积/建筑面积，其中，使用面积=建筑面积-辅助面积。

项目实施

实验室建筑格局及内部结构分析评价

一、目标

通过对实验室建筑格局及内部结构分析、评价，帮助学生了解、掌握实验室建设规划与设计布局的基本要求；理解实验室建设规划的指导思想，能够将整体建设规划布局与实验室的功能、安全、防干扰等要求系统地结合在一起；通过小组分工完成和优化任务，培养学生团队合作意识以及分析问题和解决问题的能力。

二、分析

测量本校各功能实验室建筑数据，主要完成实验室设计布局数据的测量，根据实验室测量结果，分析实验室在规划、设计方面的达标情况并给出意见与整改措施。

三、实施

（1）学生进行分组，各小组选择不同功能实验室作为测量对象。
（2）学生复习巩固实验室的建设规划、设计布局等方面的知识点。
（3）学生将具体测量结果填入表1-1。

表1-1　　实验室建筑数据测量

实验室名称					
实验室尺寸					
	平面尺寸			高度尺寸	
	实验台	储物架	通道	操作空间高度	建筑楼层高度
长/m					
宽/m					
高/m					

续表

<table>
<tr><td colspan="12">走廊</td></tr>
<tr><td colspan="4"></td><td colspan="2">单面走廊</td><td colspan="2">双面走廊</td><td colspan="2">检修走廊</td><td colspan="2">安全走廊</td></tr>
<tr><td colspan="4">宽/m</td><td colspan="2"></td><td colspan="2"></td><td colspan="2"></td><td colspan="2"></td></tr>
<tr><td colspan="12">建筑模数/m</td></tr>
<tr><td colspan="4">开间模数</td><td colspan="4">进深模数</td><td colspan="4">层高模数</td></tr>
<tr><td colspan="4"></td><td colspan="4"></td><td colspan="4"></td></tr>
</table>

学生根据实际测得的数据，对照“实验室设计布局的基本要求”，对本校实验室作出评价，并给出意见及整改措施。

（4）小组整理汇报。

（5）通过小组内互评、组间互评及教师评价三方面对任务结果综合打分。

四、评价

（1）以小组为单位完成任务，明确小组成员分工。

（2）根据小组成员参与程度及完成度进行组内互评。

（3）小组间根据每组完成任务质量进行投票排序。

（4）教师根据组间互评及任务完成情况综合评价，具体见表 1-2。

表 1-2　综合评价表

<table>
<tr><td rowspan="6">组内互评
（30%）</td><td>姓名</td><td colspan="2">得分</td></tr>
<tr><td></td><td colspan="2"></td></tr>
<tr><td></td><td colspan="2"></td></tr>
<tr><td></td><td colspan="2"></td></tr>
<tr><td></td><td colspan="2"></td></tr>
<tr><td>平均分</td><td colspan="2"></td></tr>
<tr><td>组间互评
（20%）</td><td colspan="3"></td></tr>
<tr><td rowspan="4">教师评价
（50%）</td><td>评价指标</td><td>分值</td><td>备注</td></tr>
<tr><td>测量数据记录</td><td>10</td><td>真实、准确、规范</td></tr>
<tr><td>实验室设计布局</td><td>20</td><td>分析、评价合理</td></tr>
<tr><td>小组汇报</td><td>20</td><td>准确、清晰、完整</td></tr>
<tr><td>实训成绩
（满分 100 分）</td><td colspan="3"></td></tr>
</table>

项目二

实验室的基础设施与环境建设

一、 各主要实验室对环境的基本要求

为了实现职能，实验室必须配备各种精密的计量、测试仪器和设备、各种化学试剂、实验器材，还有电子计算机等现代技术设施。这些仪器、设备和相关装置，对环境都有相当严格的要求，如果条件不合适，即使是最先进的仪器和检测方法，再熟练的检验操作者，也不可能取得准确可靠的检验结果，甚至可能导致实验仪器损坏或其他器材、物资的过度消耗，造成经济损失。一般地说，任何实验室都应该使实验室内的各种仪器设备、装置、化学试剂等免受环境如阳光、温度、湿度、粉尘、烟雾、振动、磁场等的影响及有害气体的侵入，此外，还要注意实验室对环境的影响，避免对环境造成污染和破坏。不同功能的实验室由于实验性质不同，其对环境也有各自不同的要求。

（一）天平室

（1）天平室的温度、湿度要求。

①Ⅰ、Ⅱ级精度天平，应工作在（20±2）℃，温度波动不大于 0.5℃/h，相对湿度 50%～60%的环境中。

电子天平
（视频）

②分度值在 0.001g 的Ⅲ、Ⅳ级天平，工作温度为 18～26℃，温度波动不大于 0.5℃/h，相对湿度 50%～75%。

③一般生产企业实验室常用的Ⅲ～Ⅴ级天平，在称量精度要求不高的情况下，工作温度可以放宽到 17～33℃，但温度波动仍不大于 0.5℃/h，相对湿度可放宽到 50%～90%。

④天平室安置在底层时应注意做好防潮工作。

⑤使用电子天平的实验室，天平室的温度应控制在（20±1）℃，且温度波动不大于 0.5℃/h，以避免温度变化对电子元件和仪器灵敏度的影响，保证称量的精确度。

（2）天平室设置应避免阳光直射，不宜靠近窗户安放天平，也不宜在室内安装暖气及大功率的灯泡（天平室采用“冷光源”照明），以避免局部温度的不均匀影响称量精确度。

（3）有无法避免的振动时应安装专用天平防振台。当环境振动影响较大的时候，天平宜安装在底层，以便于采取防振措施。

（4）天平室只能使用抽排气装置进行通风。空调出风口避开高精度天平。

（5）天平室应专室专用，即使是其他精密仪器，安装时也须用玻璃屏墙分隔，以减少干扰。

（二）精密仪器室

（1）精密仪器室应尽可能保持温度、湿度恒定，一般温度在15~30℃，有条件的最好控制在18~25℃，相对湿度在60%~70%，需要恒温的仪器可装双层门窗及空调装置。室内应有专门的通风系统；色谱室内应设有专门的通风装置，以免分析残留气体对人体造成危害。

（2）大型精密仪器应安装在专用实验室，一般有独立平台（可另加玻璃屏墙分隔）。

（3）精密电子仪器以及对电磁场敏感的仪器，应远离强磁场，必要时可加装电磁屏蔽。

（4）实验室地板应致密及防静电，一般不要使用地毯。

（5）大型精密仪器室的供电电压应稳定，并应设计有专用地线。

（6）精密仪器室应具有防火、防噪声、防潮、防腐蚀、防尘、防有害气体侵入的功能。气相色谱室应装有防爆检查报警装置。

（三）化学分析实验室

（1）室内的温度、湿度要求较精密仪器室略宽松（可放宽至35℃），但温度波动不能过大（≤2℃/h）。

（2）室内照明宜用柔和自然光，要避免直射阳光。

（3）室内应配备专用的给水和排水系统。

（4）分析室的建筑应耐火或用不易燃烧的材料建成，门应向外开，以便于发生意外时人员的撤离。

（5）由于实验过程中常产生有毒或易燃的气体，因此实验室要有良好的通风条件。

（四）无菌室

（1）无菌操作间的洁净度应达到10000级，室内温度保持在20~24℃，相对湿度保持在45%~60%，超净台洁净度应达到100级。

（2）无菌室外要设缓冲间、净化风淋间及更衣间。室内装备必须有空气过滤装置。入口避开走廊，并设在微生物检验室内，无菌室和缓冲间都必须密闭。

（3）无菌室与缓冲间应装有紫外灯，要求每3m^{2}安装30W紫外灯一盏。无菌室内设工作台（中心与边台皆可），紫外灯距工作台面要小于1.5m。

（4）无菌室结构应坚固、严密、防尘、光线明亮，地面采用聚氯乙烯（PVC）材料，防渗漏、无接缝、光洁、防滑，并设双层传递窗传递物件，门窗均为不锈钢材质。

（五）感官评定室

（1）室内温度恒定在20~22℃，相对湿度保持在60%~70%。

（2）室内应有专用通风系统，保持空气清新以及足够的空气流通；室内桌、椅等设备用具应无异味。

（3）室内照明宜用自然柔和光与白色人工照明，光线垂直且不闪烁，光的照度为 200～400lx。进行部分测试时，要能提供 1000lx 的光照。地面、墙面、天花板宜采用灰色或毛面白色。

（4）感官评定室应远离噪声与振源。

（六）加热室

（1）加热操作台应使用防火、耐热的防火材料，以保证安全。

（2）当有可能因热量散发而影响其他实验室工作时，应注意采用防热或隔热措施。

（3）设置专用排气系统，以排除试样加热、灼烧过程中排放的废气。

（七）通风柜室

（1）室内应有机械通风装置，以排除有害气体，并有新鲜空气供给操作空间。

（2）通风柜室的门、窗不宜靠近天平室及精密仪器室的门窗。

（3）通风柜室内应配备专用的给水、排水设施，以便操作人员接触有害物质时能够及时清洗。

（4）本室也可以附设于加热室或化学分析室，但排气系统应加强，以免废气干扰其他实验的进行。

（八）电子计算机室

（1）配备电子计算机的实验室或仪器，除了指明特殊要求的以外，一般使用温度可以控制在 15～25℃，波动应小于 2℃/h，相对湿度在 50%～60%为宜。

（2）杜绝灰尘和有害气体，避免电场、磁场以及振动干扰。

（3）计算机室对供电电压和频率有一定要求，可根据需要，选用不间断电源。

（九）试样制备室

（1）保证通风，避免热源、潮湿和杂物对试样的干扰。

（2）设置粉尘、废气的收集和排除装置，避免制样过程中的粉尘、废气等有害物质对其他试样的干扰。

（3）室内应配备专用的给水和排水系统。

（十）化学试剂/溶液的配制储藏室

参照化学分析实验室条件，但需注意阳光暴晒，防止受强光照射使试样变质或受热蒸发，规模较小的实验室也可以附设在化学分析实验室内。

（十一）气瓶室

（1）室内温度保持在 18～28℃，相对湿度不大于 60%。

（2）室内使用防爆开关、防爆冷光灯，显眼处设有有声报警装置、有毒气体报警器，设外开式防爆门、防爆墙与泄爆口。

（3）严禁靠近火源、有腐蚀的环境，避免阳光直射。

（4）根据气体性质分库存放，不可混放，要设有隔离措施，直立放置，架子钢环固定。

（十二）储藏室

储藏室分为试剂储藏室和仪器储藏室，供存放非危险性化学试剂和仪器，要求阴凉通风、避免阳光暴晒，且不要靠近加热室、通风柜室。

（十三）危险物品储藏室

（1）通常应设置在远离主建筑物、结构坚固并符合防火规范的专用库房内。有防火门窗，通风良好，有足够的泄压面积。

（2）远离火源、热源，避免阳光暴晒，室内温度宜在 30℃ 以下，相对湿度不超过 85%。

（3）采用防爆型照明灯具，备有消防器材，用自然光或冷光源照明。

（4）库房内应使用防火材料制作的防火间隔、储物架，储存腐蚀性物品的柜、架，应进行防腐蚀处理。

（5）危险试剂应分类分别存放，挥发性试剂存放时，应避免相互干扰，并方便排放其挥发物质。

（6）门窗应设遮阳板，并且朝外开。

（7）根据需要，架设视频监控系统及入侵报警系统等，避免易制毒、易致爆物品外流。

二、 实验室的基础设施建设

实验室的基础设施建设主要包括基本实验室的基础设施建设、精密仪器室的基础设施建设和辅助室的基础设施建设三部分。根据实验室功能及工作环境要求的不同，基础设施建设的内容与标准也有不同。

（一）基本实验室的基础设施建设

1. 基本实验室的室内布置

基本实验室内的基础设施有：实验台与洗涤池；通风柜与管道检修井；带试剂架的工作台或辅助工作台；试剂橱以及仪器设备等。

（1）实验台的规格　实验台一般有两种：单面实验台（或称靠墙实验台）和双面实验台（包括岛式实验台和半岛式实验台）。在实验工作中，双面实验台的应用比较广泛。实验台的尺寸一般有如下要求。

①长度：实验人员所需用的实验台长度，由于实验性质的不同，其差别很大，一般根据实际需要选取其宽度的 1.5~3 倍。

实验台
（视频）

②台面高度：一般选取 850mm。

③宽度：实验台的每面净宽一般考虑 650mm，最小不应少于 600mm，台上如有复杂的实验装置也可取 700mm，台面上试剂架部分可考虑宽 200~330mm。一般双面实验台采用 1500mm，单面实验台为 650~850mm。

（2）实验台的结构形式　实验台的结构形式包括全钢结构实验台、钢木结构实验台、铝木结构实验台、全木结构实验台、聚丙烯（PP）结构实验台等不同种类，目前市场上以全钢结构实验台和钢木结构实验台应用最为广泛。实验台如图 1-7 所示。

图 1-7　实验室中的实验台

全钢结构实验台具备承重性能好、使用寿命长和性价比优良等优点，近年来市场发展很快，是未来国内实验室发展的大势所趋。全钢结构实验台整体采用电脑辅助设计、数控制造，为单元体结构，制造精确度高，可以随意搭配、组装方便、适应性强。实验操作台整体以 1.2mm 厚一级冷轧-镀锌钢板为基材，全自动压模成型；表面经过磷化、酸洗，再通过环氧树脂（EPOXY）粉末烤漆处理，无突出漆块，光洁亮丽，抗强酸、强碱性能突出。

钢木结构实验台是选用钢材和木材做成的实验台。钢木结构实验台包含两种结构：一种是 C-frame 型，一种是 H-frame 型。C-frame 型结构简单，灵活多变，可以随意组合，选用悬柜和推柜式结构，便于安装拆卸，有利于实验室清洁工作；H-frame 型结构端庄大方，承重性能好，其钢架结构使得实验台承重能达到 500kg 以上，可满足大型精密仪器的使用要求。

（3）实验台的台面　实验台的台面要求耐酸碱腐蚀、耐高温、耐撞击等。台面应比下面的器皿柜宽，台面四周可设有小凸缘，以防止台面冲洗时的水或台面上药液的外溢。常见的台面有如下几种。

①环氧树脂板：环氧树脂板又称绝缘板、环氧板、3240 环氧板，其具有黏附力强、收缩性强、力学性能和电性能优良、化学稳定性强、耐久、耐腐蚀、耐霉菌等诸多优点。

②实心理化板：实心理化板可独立使用而不需粘贴在任何基材上，相比贴面板，具有更高强度，防水且美观、成本较低，抗撞击、抗高温性能较好，耐刮磨、易清洁等特点，

目前应用最为广泛。

③陶瓷板：采用氧化锆或氧化铝生产的陶瓷板具有极强的耐候性，无论日照、雨淋（甚至酸雨），还是潮气都对表面和基材没有任何影响。陶瓷板具有抗撞击、耐刮磨、易清洗、防潮湿、防火、防静电、耐化学腐蚀等诸多优点，但成本较高。

④不锈钢板：不锈钢板一般是不锈钢板和耐酸钢板的总称。不锈钢板是指耐大气、蒸汽和水等弱介质腐蚀的钢板，而耐酸钢板则是指耐酸、碱、盐等化学侵蚀性介质腐蚀的钢板。不锈钢板表面光洁，有较高的塑性、韧性和机械强度，耐酸、碱性气体、溶液和其他介质的腐蚀，沾污物容易去除，适用于放射性化学实验、有菌的生物化学实验和油料实验等。

（4）实验台的配套设施　化学实验台主要由台面和台下支座或器皿构成。为了实验操作方便，在台上常设有试剂架、管线盒、应急洗眼器和洗涤池等配套设施。

①管线通道、管线架与管线盒：实验台上的设施通常从地面以下或由管道井引入实验台中部的管线通道，然后再引出台面以供使用。管线通道的宽度通常为300~400mm，靠墙实验台为200mm。

②试剂架：试剂架的宽度不宜过宽，一般能并列两个中型试剂瓶（500mL）为宜，通常的宽度为200~330mm，靠墙试剂架宜取200mm。

喷淋洗眼器使用方法及注意事项（视频）

③实验台下的器皿柜：实验台下空间通常设有器皿柜，既可放置实验用品，又可满足实验人员坐在实验台边进行记录的需要。

④实验台的排水设备：通常包括洗涤池、台面排水槽等。

2. 基本实验室的通风系统

在实验过程中，经常会产生各种难闻的、有腐蚀性的、有毒的或易爆的气体。这些有害气体需处理处置后，及时排出室外，否则会造成室内空气污染，影响实验人员的健康与安全，影响仪器设备的精确度和使用寿命。如果是利用吸附材料进行处理，处理后的吸附材料属于危险废物，按照《中华人民共和国固体废物污染环境防治法》相关要求进行处置。

《中华人民共和国固体废物污染环境防治法》（文档）

实验室的通风方式有两种，即局部排风和全室通风。局部排风是有害物质产生后立即就近排出，这种方式能以较少的风量排走大量的有害物，效果比较理想，所以在实验室中广泛地被采用。对于有些实验不能使用局部排风，或者局部排风满足不了要求时，应该采用全室通风。

（1）通风柜　实验室中最常用的一种局部排风设备，种类繁多，由于其结构不同，使用的条件不同，其排风效果也各不相同。

实验室通风系统（视频）

①通风柜有以下几种。

a. 顶抽式通风柜：这种通风柜的特点是结构简单、制造方便，因此在过去使用的通风柜中是最常见的一种。

b. 狭缝式通风柜：狭缝式通风柜是在其顶部和后侧设有排风狭缝，后侧部分的狭缝，有的设置一条（在下部），有的设置两条（在中部和下部）。

通风柜使用规范（视频）

c. 供气式通风柜：这种通风柜把占总排风量 70%左右的空气送到操作口，或送到通风柜内，专供排风使用，其余 30%左右的空气由室内空气补充。供给的空气可根据实验要求来决定是否需要处理（如净化、加热等）。由于供气式通风柜排走室内空气很少，因此对于有空调系统的实验室或洁净实验室，采用这种通风柜是很理想的。

d. 自然通风式通风柜：这种通风柜是利用热压原理进行排风的，其排气效果主要取决于通风柜内与室外空气的温差、排风管的高度和系统的阻力等。为此，这种通风柜一般都用于加热的场合。

e. 活动式通风柜：其实验工作台、洗涤池、通风柜设备都可随时移动，不用时也可推入邻近的储藏室。

②实验室内通风柜的平面布置：通风柜在实验室内的位置，对通风效果、室内的气流方向都有很大的影响。下面介绍几种通风柜的布置方案。

a. 靠墙布置：这是最为常用的一种布置方式。通风柜通常与管道井或走廊侧墙相接，这样可以减少排风管的长度，而且便于隐藏管道，使室内整洁。

b. 嵌墙布置：两个相邻的房间内，通风柜可分别嵌在隔墙内，排风管道也可布置在墙内，这种布置方式有利于室内整洁。

c. 独立布置：在大型实验室内，可设置四面均可观看的通风柜。

此外，对于有空调的实验室或洁净室，通风柜宜布置在气流的下风向，这样既不干扰室内的气流组织，又有利于排走室内被污染的空气。

③排风系统的划分：通风柜的排风系统可分为集中式和分散式两种。集中式排风系统是把一层楼面或几层楼面的通风柜组成一个系统，或者把整个实验楼分成一两个系统。它的特点是通风机少，设备投资少。分散式排风系统是把一个通风柜或同一实验室的几个通风柜组成一个排风系统。它的特点是可根据通风柜的工作需要来开关通风机，相互不受干扰，容易达到预定的效果，而且比集中式节省能源，缺点是通风机的数量多、系统多。实验室通风柜如图 1-8 所示。

图 1-8　实验室通风柜

排风系统的通风机，一般都装在屋顶上或顶层的通风机房内，这样可不占用使用面积，而且使室内的排风管道处于负压状态，以免有害物质由于管道的腐蚀或损坏，或者由于管道不严密而渗入室内。此外，也方便检修，易于消声或减振。

排风系统的有害物质排放高度，在一般情况下，如果附近 50m 以内没有较高建筑物，则排放高度应超过建筑物最高处 2m 以上。

（2）排气罩　有些情况下由于实验设备装置较大，或者实验操作上的要求无法在通风柜中进行，但又要排走实验过程中散发的有害气体时，可采用排气罩。实验室常用的排气罩，大致有围挡式排气罩、侧吸罩和伞形罩 3 种形式。排气罩的布置应注意以下几点。

①尽量靠近产生有害物的源头。

②对于有害物不同的散发情况应采用不同的排气罩，如对于色谱仪，一般采用围挡式排气罩；对于实验台面排风或槽口排风，可采用侧吸罩；对于加热槽，宜采用伞形罩。

③排气罩的安装要便于实验操作和设备的维护检修。

（3）全室通风　实验室及有关辅助实验室（如试剂库、暗室及储藏室等），经常散发的有害物需要及时排除。当实验室内设有通风柜时，因为通风柜的排风量较大，往往超过室内换气要求，可不再设置通风设备；当室内不设通风柜而又需要排除有害物时，应进行全室通风。全室通风的方式有自然通风和机械通风两种。

①自然通风：主要是利用室内外的温差，把室内有害气体排至室外。当依靠门窗让空气任意流动时，称为无组织自然通风；当依靠一定的进风口和出风竖井，让空气按所要求的方向流动时，称为有组织的自然通风。

②机械通风：当使用自然通风满足不了室内换气要求时，应采用机械通风，尤其是危险品库、试剂库等，尽管有了自然通风，为了防止事故，也必须采用机械通风。

（二）精密仪器室的基础设施建设

精密仪器室主要设置有各种现代化的高精密度仪器，通常可与基本实验室一样沿外墙布置，并可将它们集中在某一区域内，这样有利于各实验室之间的联系，并可统一考虑如空调、防护等方面的布置，同时应综合考虑仪器设备对温度、湿度、防尘、防振和噪声等的要求。

精密仪器室和辅助室的基础设施建设（视频）

1. 天平室

（1）天平室的设计　天平是实验室必备的常用仪器。天平室应靠近基本实验室，以方便使用，如基本实验室为多层建筑，应每层都设有天平室。天平室以北向为宜，还应远离振源，且不应与高温室和有较强电磁干扰的实验室相邻。高精度微量天平应安装在底层。

天平室应采用双层窗，以利于隔热防尘，高精度微量天平室应考虑有空调，但风速应小。天平室内一般不设置洗涤池或有任何管道穿过室内，以免管道渗漏、结露或在管道检修时影响天平的使用和维护。天平室应有一般照明和天平台上的局部照明，局部照明可设在墙上或防尘罩内。

（2）天平台的设计　实验室里常用的天平大都为台式。一般精度天平可以设在稳固的木台上；半微量天平可设在稳定的不固定的防振工作台上，亦可设在固定的防振工作台上；高精度天平的天平台对防振的要求较高。

单面天平台的宽度一般采用600mm，高度一般采用750mm，天平台的长度可按每台天平占800~1200mm考虑。天平台可由台面、台座、台基等多个部分组成，有时在台面上还附加减振座。

一般精密天平可采用50~60mm厚的混凝土台板，台面与台座（支座）间设置隔振材料，如隔振材料采用50mm厚的硬橡皮。高精度天平的部分台面可以考虑与台面的其余部分脱离，以消除台面上可能产生的振动对天平的影响。天平台经试用或测试尚不能完全符合实验要求时，可在台上附加减振座，也可采用特别的弹簧减振盒。

2. 高温室

高温炉与恒温箱是实验室的必备设备，一般设在工作台上，特大型的恒温箱则需落地设置。高温炉与恒温箱的工作台分开较好，因恒温箱大都较高大，工作台应稍低，可取700mm高，而高温炉可采用通常的850mm高的工作台。另外，恒温箱的型号较多，工作台的宽度应根据设备尺寸确定，通常取800~1000mm宽；而高温炉的尺度一般较小，可取600~700mm宽。

3. 低温室

低温室墙面、顶部、地面都应采取隔热措施，室内可设置冷冻设备。房间温度如保持在4℃，则人可在里面进行短时间的工作，如温度很低（低于−2℃）时，则这种房间仅适于储藏。

4. 防火室

防火室有两个主要用途：

（1）凡连续长时间（超过12h）使用燃烧炉或恒温箱的实验工作都应在防火室内进行，以防自动控制仪出毛病，导致恒温箱爆炸、火灾等情况的发生。

（2）凡大量使用易燃液体或溶剂如乙醚等的实验，以及连续长时间的蒸馏工作，也应在防火室内进行。

防火室除了首先应满足实验的工艺要求外，与其他实验室房间的不同之处在于房间的结构设置：如采用实体楼板与顶棚；房间应靠外墙，所有隔墙应通到顶部结构层，并由砖或混凝土预制板砌筑，设置能自闭的防火门；房间要有第二安全出口；根据实验内容，应考虑烟、热检测装置及自动灭火装置；通风柜及其排风道应由耐火材料制成，而且风机在火警发生时能自动断路；房间里如有冷冻设备，应采用不产生火花的类型；高压电泳作业使用大量易燃液体时，应遵守防火规定中有关使用易燃液体的规定。

乙醚蒸馏注意事项（视频）

5. 离心机室

大型离心机会产生热量，同时也产生一定程度的噪声，因此常将实验室里较大的离心机集中在单独的房间里。根据离心机的数量按一定间距设置电源插座；室内应有机械通风，以排除离心机产生的热量；墙与门要有隔声措施；门的净宽应考虑到离心机的尺度；室内可按需要设有工作台及洗涤池等设备。

（三）辅助室的基础设施建设

辅助室的主要功能即为基本实验室与精密仪器室服务。它主要包括以下各室。

1. 中心（器皿）洗涤室

中心（器皿）洗涤室是实验室里集中洗涤实验用品的房间。房间的尺度应根据日常工作量决定，但一般不应小于一个单间（即一个开间大小）。洗涤室的位置应靠近基本实验室，室内通常设有洗涤台，其水池上有冷热水龙头，并配置干燥炉、干燥箱和干燥架等。工作台面需耐热、耐酸。房间应有良好的排风设备。

2. 中心准备室与溶液配制室

中心准备室一般设有实验台，台上有管线设施、洗涤池和储藏空间。

溶液配制室用来配制标准溶液和各种不同浓度的溶液。一般可由两个房间组成，其中一间放置天平台，天平可按两人一台考虑；另一间作存放试剂和配制试剂之用，室内应有通风柜、滴定台、辅助工作台、写字台、物品柜等。

3. 普通储藏室

普通储藏室是指供某一楼层或实验室专用的一般储藏室，不作为有特殊毒性或易燃性的化学试剂以及大型仪器设备的储藏房间。室内可按实际需要放置一定数量与尺寸的储物柜，要求有良好通风，避免阳光直射，应干燥、阴凉、清洁。

4. 放射性物品储藏室

有些实验楼中设置有放射性实验室，故同位素等放射性物质大都应在衬铅的容器里存放，并放置在专门的储藏室里，同时放射性废物也必须进行相应封存和处理。

5. 危险试剂储藏室

带有危险性的物品，通常储存在主体建筑物以外的独立小建筑物内。这种储藏室应结构坚固，有防火门，保持常年良好通风，屋面能防爆，有足够的泄压面积，所有柜子均应由防火材料制作，设计时应参照有关消防安全规定。

6. 蒸馏水制备室

实验室中溶液的配制、器皿的洗涤要用到大量的蒸馏水，蒸馏水可在专门的设备中制取。蒸馏水室的面积一般为一个单间左右，可设在顶层，由管道送往各实验室，也可按层设立或可将小型蒸馏水设备直接设在基本实验室里面。

三、实验室的工程管网布置与公用设施建设

（一）实验室的工程管网布置

工程管网包括供水管道、电线管道、进风管道、燃气管道、压缩空气管道、真空管道等各种供应管道，以及排水、排风管道等各种排放管道系统。工程管网布置的基本原则如下。

（1）在满足实验要求的前提下，应尽量使各种管道的线路最短、弯头最少，以利于节约材料和减少阻力损失。

（2）工程管网的间距和排列次序应符合安全要求，并便于安装、维护、检修、改造和增添等需要。

（3）管网的铺设应尽可能做到整齐有序、美观大方。

（二）工程管网的布置方式

管网系统通常由总管、干管和支管 3 部分组成。总管是指从室外管网到实验室内的一段管道；干管是指从总管分送到各单元的侧面管道；支管是指从干管连接到实验台和实验设备的一段管道。各种管道一般以水平和垂直两种方式布置。

1. 干管与总管的布置

（1）干管垂直布置　指总管水平铺设，由总管分出的干管都是垂直布置。水平总管可铺设在建筑物的底层，也可铺设在建筑物的顶层。对于高层建筑物，水平总管不仅铺设在底层或顶层，有的还铺设在中间的技术层内。

（2）干管水平布置　指总管垂直铺设，在各层由总管分出水平干管。通常把垂直总管设置在建筑物的一端，水平干管由一端通到另一端。

2. 支管的布置

（1）沿墙布置　无论干管是垂直布置还是水平布置，如果实验台的一面靠墙，那么，从干管引出的支管可沿墙铺设到实验台。

（2）沿楼板布置　如果实验台采用岛式布置，由干管到实验台的支管一般都沿楼板下面铺设，有的支管穿过楼板，向上连到实验台。

（三）采暖

有的地区由于冬季气温较低，实验室必须加装暖气系统以维持适当的室温。但无论是电热还是蒸汽，均应注意合理布置，避免局部过热。

天平室、精密仪器室和计算机房不宜直接加温，可以通过由其他房间的暖气自然扩散的方法采暖。

（四）空调

对精度要求较高的实验室，尤其是精密计量、实验仪器或其他精密实验设备及电子计算机实验室，对温度、湿度有较高的要求，这时需要考虑安装空调装置，进行空气调节。空调布置一般有如下 3 种方式。

（1）单独空调　在个别有特殊需要的实验室安装窗式空调机，空气调节效果好，可以随意调节，能耗较少，但噪声较大。

（2）部分空调　部分需要空调的实验室，在进行设计的时候把它们集中布置，然后安装适当功率的大型空调机，进行局部的集中空调，实现既可部分空调又可降低噪声的目的。

(3) 中央空调　当全部实验室都需要空调的时候，可以建立全部集中空调系统，即中央空调。集中空调可以使各个实验室处于同一温度，有利于提高检验及测量精度，而且集中空调的运行噪声极低，可以保持实验室环境安静；缺点是能量消耗较大，且不一定能满足个别要求较高的特殊实验室的需要。

(五) 实验室供电系统

实验室的多数仪器设备在一般情况下是间歇工作的，也就是说多属于间歇用电设备，但实验一旦开始便不宜频繁断电，否则可能使实验中断，影响实验的精确度，甚至导致试样损失、仪器或装置破坏以致无法完成实验。因此，实验室的供电线路宜直接由总配电室引出，并避免与大功率用电设备共线，以减少线路电压波动。

实验室供电系统设计的时候，要注意下列 8 个方面。

(1) 实验室的供电线路应给出较大余量　输电线路应采用较小的载流量，并预留一定的备用容量（通常可按预计用电量增加 30%左右）。

(2) 配备三相和单相供电线路　各个实验室均应配备三相和单相供电线路，以满足不同用电器的需要。

(3) 设置电源总开关　每个实验室均应设置电源总开关，以方便控制各实验室的供电线路。而对于某些必须长期运行的用电设备，如冰箱、冷柜、老化罐等，则应专线供电而不受各室总开关控制。对于大型精密仪器设备实验室，增设不间断电源用于保护设备。

(4) 实验室供电线路应有良好的安全保障系统　实验室供电线路应配备安全接地系统，总线路及各实验室的总开关上均应安装漏电保护开关，所有线路均应符合供电安装规范，确保用电安全。

(5) 要有稳定的供电电压　在线路电压不够稳定的时候，可以通过交流稳压器向精密仪器实验室输送电能，对特别要求的用电器，可以在用电器前再加二级稳压装置，以确保仪器稳定工作。

(6) 避免外电线路电场干扰　必要时可以加装滤波设备排除。

(7) 配备足够的供电电源插座　为保证实验仪器设备的用电需要，应在实验室的四周墙壁、实验台旁的适当位置配置必要的三相和单相电源插座。

(8) 实验室室内供电线路应采用护套（管）暗铺　在使用易燃易爆物品较多的实验室，还要注意供电线路和用电器运行中可能引发的危险，并根据实际需要配置必要的附加安全设施（如防爆开关、防爆灯具及其他防爆安全电器等）。

(六) 实验室的给水和排水系统

1. 实验室的给水

在保证水质、水量和供水压力的前提下，从室外的供水管网引入进水，并输送到各个用水设备、配水龙头和消防设施，以满足实验、日常生活和消防用水的需要。

(1) 直接供水　在外界管网供水压力及水量能够满足使用要求的时候，一般是采用直接供水方式，这是最简单、最节约的供水方法。

（2）高位水箱供水　属间接供水，当外部供水管网系统压力不能满足要求或者供水压力不稳定的时候，各种用水设施将不能正常工作，此时就要考虑采用“高位储水槽（罐）”，即常见的水塔或楼顶水箱等进行储水，再利用输水管道送往用水设施。

（3）加压泵供水　由于高位水箱供水普遍存在二次污染问题，对于高层楼房使用加压供水已经逐渐普及。此法也可用于实验室，但在单独设置时运行费用较高。

2. 实验室的排水

由于实验的不同要求，实验室需要在不同的实验位置安装排水设施。

（1）排水管道应尽可能少拐弯，并具有一定的倾斜度，以利于废水排放。

（2）当排放的废水中含有较多的杂物时，管道的拐弯处应预留清理孔，以备必要之需。

（3）排水干管应尽量靠近排水量最大、杂质较多的排水点设置。

（4）注意排水管道的腐蚀，最好采用耐腐蚀的塑料管道。

（5）为避免实验室废水污染环境，应在实验室排水总管设置废水处理装置，对可能影响环境的废水进行必要的处理。

（七）实验室的安全分散设施

建筑物应设安全分散设施，使建筑物内部的人员能在危险时尽快地经由分散通道从危险地点安全地分散至远离危险影响的安全地点。

安全分散的关键是快速。实验室使用或储存的易燃、易爆物等各种化学危险品在发生火灾时起燃或爆炸，火灾时一氧化碳及二氧化碳的积聚以及缺氧，是严重的威胁。因此，根据火灾危险程度与工作条件的不同，一般要求能在 1.5～5min 或更短时间内实现安全分散。

安全分散设施包括安全出口、分散楼梯、分散门、分散走道、事故照明，防烟、排烟设施，安全指示装置等。

安全分散设施应采用坚实的耐火结构，其布局、数目、宽度、坡度等均应合乎安全要求。分散方向应力求采用直线，以最短距离通达安全地点，且应尽量利用常用的通道、楼梯。照明、采光应合理。指示分散的字样标志应醒目，容易辨认。

（1）安全出口　凡能将人群引至建筑物外部安全地点，使脱离威胁的门和走道等设施，均可作为安全出口。

由工作场所内最远工作地点至安全出口（外部出口或楼梯间）的距离不得超过规定的数值。对于多层建筑工作场所一端无出口的走道，房间门至最近的外部出口或楼梯间的距离不得超过 25m。

面积大、工作人员较多或操作具有火灾危险性的实验室以及库房，应设两个或两个以上的安全出口。所有的实验室均宜设置备用的安全出口。安全出口应有合适的宽度与高度。库房的分散楼梯、走道和门的宽度应不小于 1.2m，以适应在起火时分散物资的需要。

（2）分散楼梯　分散楼梯的宽度通常应不小于 1.1 m，不大于 2.2m（正门楼梯的最大宽度不限），且不应使用扇形或螺旋形踏步。为保证安全分散，实验楼等建筑物应有两个或两个以上的楼梯，且楼梯的位置布局要合理。不得用升降式电梯作为分散楼梯。

分散楼梯应设封闭楼梯间或防烟楼梯间，每层楼应设防火门，以防烟焰侵入。楼梯应有足够的照明或采光。如利用屋顶采光，则窗扇应由非燃烧体制成，并为固定式窗，采用钢化玻璃、嵌丝玻璃或玻璃砖为透光材料；如无天然采光，则应设置事故照明设施。

楼梯间内不得设实验室、生产房间，或可燃物、易爆物、高压气体或液化气体钢瓶等类物品的储藏室，可燃烧体或易燃烧体输送管道。

（3）分散门、分散走道　分散门应能防烟、防火，宜做摇门或活动弹簧摇门，宽度应不小于 0.8m。不得采用向旁水平推拉、向上升吊或旋转的门。

分散门应开向分散方向，或向两面活动开启，门扇在开启时不得影响分散走道的宽度。开向楼梯间的门扇，应保证楼梯平台有合适的宽度。采用门锁的分散门，应考虑安全分散的要求，避免阻塞人群，通常应只要求从外面使用钥匙开启，但从里面则可随时推动门把手将门向外推开，且应在门扇上标明开启方法。

分散走道应坚实、耐火，尽量采用直线走向，直接通向安全出口，且应避免交叉，宽度要均一，一般不宜小于 1.4m。走道宽度不一时，应由宽度较小的走道引向较大宽度的走道，但不得先宽后窄。出口处的宽度应不小于各通道宽度之和。

分散走道地面应平坦，避免出现坡度。必须设坡度时，则坡度不得超过 1∶10。地面材料不应过于光滑，必要时，应采取防滑措施。

分散走道内不应堆杂物，以防阻塞通路。走道墙面不得使用易燃饰物，严禁放置易燃、易爆物。走道内应设隔烟、排烟设施。两侧墙壁一般不宜开设窗户，应该设事故照明灯和安全分散指示灯，停电时应由备用电源保证供电。事故照明的照度应合适，通常应不小于 1lx。

（4）防烟、排烟设施　火灾中生成的烟焰具有极大的危险性。科研楼、生产楼等场所应酌情设置防烟、排烟设施。

四、实验室的防振

（一）环境振源

1. 环境振源的分类

（1）自然振源　由大自然中的事物自然运动引起的地表振动，如风、海浪和地壳内部变动等因素引起的振动。自然振源的振幅一般情况下对实验室的仪器设备不产生影响。

（2）人工振源　由机械冲击、车辆运行等人为因素引起的地表振动称为人工振源，振动常由地表传播，振幅相对较大，其中近场振源和远场振源对仪器的影响情况也各不相同。

人们把自然振源与人工振源合称为环境振源，而在实际工作中对实验影响最大的还是近场的人工振源。

2. 实验仪器和设备的“允许振动”

在保证仪器设备能够正常工作并达到规定的测量精度的情况下，加上安全系数的考虑后，在其支承结构表面上所容许的最大振动值，称为“允许振动”。

（二）实验室设计的防振

由于不同的环境振源对实验室仪器设备的影响各不相同，因此在进行实验室设计的时候，必须根据振源的性质差异采取不同的防振措施。

（1）在选择实验室的建设基地时，应注意尽量远离振动较大的交通干线和生产区域，以便减少或避免振动对实验室的干扰。

（2）在总体布置中，应将所在区域内振动较大的车间（如空气压缩站、锻工车间等）合理地布置在远离实验室的地方，此外还应注意压缩机活塞的运动方向，实验室应平行于活塞的冲程方向，如与其垂直，则振动影响将大大增强。如隔振距离达不到要求时，还可以采取其他防振措施，如挖开防振沟，仪器设独立的基础。实验室内安装仪器设备工作台要稳固，必要时加橡皮防振器。

（3）在总体布置中，应尽可能利用自然地形，以减少振动的影响。如可利用河流将产生振动的建筑物和实验室隔开。如地面有起伏，可将产生振动的建筑物放在低处利用土堆减小影响。如地面高度差在 2m 以上时，则可将产生振动的建筑物布置在高处，振动由上往下传播，振动波经过土层而衰减，此时可适当减少水平防振间距。

（4）在总体布置及进行实验室单体建筑的初步设计时，应先考察所在区域内的振源特点，经全面考虑，采取适当的隔振措施以消除振源的不良影响。

（三）实验楼和实验室的隔振

1. 实验楼整体的隔振措施

（1）当附近的振动较大时，构筑防振沟可以有效地隔断或削弱近场振源的影响。

（2）在总体设计时，采取在建筑物四周用玻璃棉作隔振材料，使实验室与室外地表面隔绝，以阻止地面波的影响。这种做法比人工防振沟或防振河更简单、卫生，同时也比较经济。

（3）实验楼内的动力设备房间与实验室相邻时，可设置伸缩缝或沉降缝，也可用抗振缝将动力设备房间与实验室隔开，这样对振动有一定的阻隔效果。

2. 实验楼内部的隔振措施

实验室中各种精密仪器很多，对振动是十分敏感的，超出一定的限度的振动或频繁有限的振动，将影响测试的精度，降低仪器的使用寿命，造成仪器设备出现故障甚至损坏。

实验室内的防振措施主要包括消极隔振措施和积极隔振措施两种。

（1）消极隔振就是为了减少支承结构的振动传导对精密仪器和设备的影响而采取的隔振措施。消极隔振一般可采用下面两种措施。

①支承式隔振措施：采用减振器或减振垫的方法，构造较简单，可设计自振频率，最低至 3~4Hz（赫兹），一般适用于外界干扰频率较高的场合，这是使用较多的一种措施，如图 1-9 所示。

②悬吊式隔振措施：构造较复杂，可设计自振频率，最低可达 1~2Hz，适用于对水平

振动要求较高、仪器设备自身没有干扰振动、外界干扰频率又较低的场合，如图 1-10 所示。

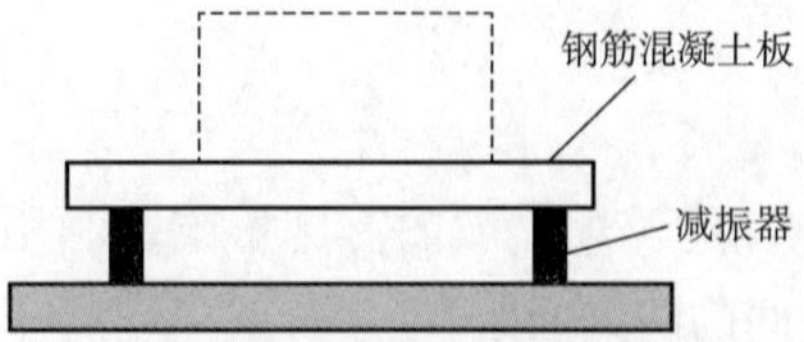

图 1-9　支承式隔振措施

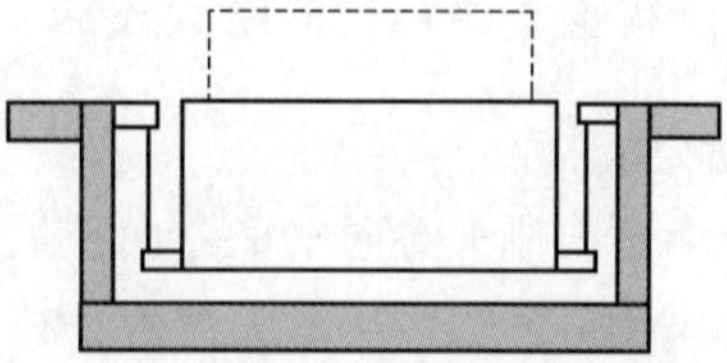

图 1-10　悬吊式隔振措施

(2) 积极隔振是为了减少设备产生的振动对支承结构和实验人员造成的影响，而对实验楼内产生较大振动的动力设备所采取的隔振措施。可从以下 3 个方面进行处理。

①降低机器基础的振动，使其影响范围缩小，一般采用放宽基础底面积，或加深基础（但这对水平振动的机器反而不利），或采用人工基础的方法来加强地基刚度。

②在机器基础里设有隔振装置。几种处理方法如图 1-11 所示。

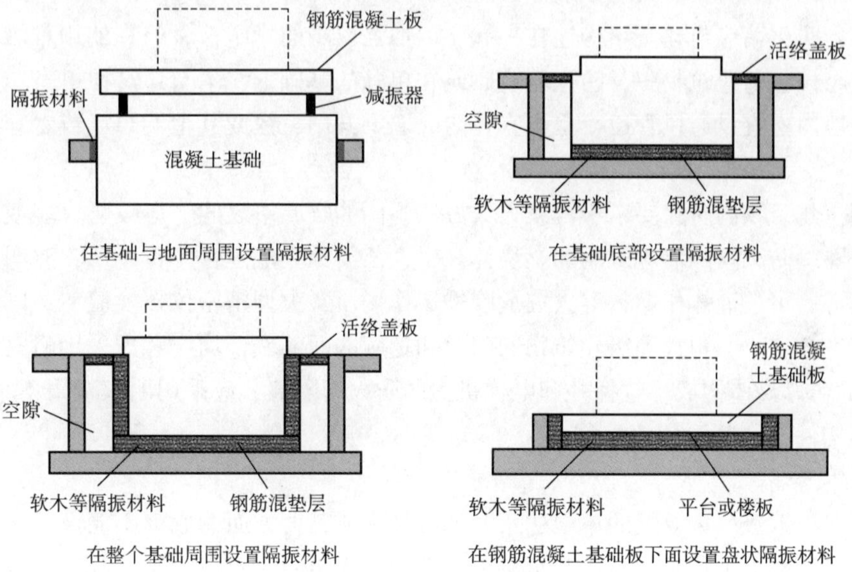

图 1-11　四种基础隔振

③建造隔振地坪，在建筑物底层的精密仪器实验室及其他防振要求较高的房间里，构筑质量较大的整体地坪，其下垫粗砂及适当的隔振材料，周围再用泡沫塑料等具有减振和缓冲性的物质使地坪与墙体隔开，作用相当于“室内防振沟”。

利用增加地坪刚度的防振措施，可应用于低层精密计量室以及其他要求高度防振的房间，地坪与四周墙身脱开（可用木丝板或泡沫塑料板隔开），使墙身的振动不传到室内地坪，同时采用沙垫层以减少土壤传来的振动，较厚的混凝土垫层可减少人员走动时所产生的振动影响，同时精密仪器可以设在室内的任何位置，这就提供了一定的“灵活性”。

五、实验室的防火、防爆

（一）实验室建筑物的防火设施

1. 防火墙

防火墙可限制火势向水平方向扩展、防止热辐射及爆炸波的有害影响。利用防火墙，还可将建筑物分隔为数个防火单位，减小建筑物间的防火间距。

实验楼应设防火墙，最好是在适当的位置设立横隔建筑物全部的、宽幅的防火墙，并使两个安全出口之间的走廊长度不超过所规定的安全出口最大容许距离的两倍。

防火墙应由非燃烧体构成，耐火极限不得小于4h，且应直接砌筑在基础上，高出屋面40~50cm。

在框架结构的建筑物中，防火墙可支承于框架上，此支承框架的耐火极限不得小于3h。防火墙应有足够的墙身结构强度与稳定性，且应考虑到在发生火灾时建筑构件有一侧遭受破坏，由于失去联系而发生的特殊应力，使防火墙一侧的屋架、梁或楼板等构件被烧毁或遭受剧烈损毁时，防火墙不致倒塌。

通常，防火墙应与建筑结构连在一起，以加强墙身的稳定性，但在使用难燃烧体或燃烧体墙壁与楼板的建筑物中，防火墙应砌筑在单独的基础上，不与建筑物相连。

防火墙内不宜设通风管道，也不宜在防火墙上开门、窗或其他洞口，或者穿过其他各种管道。

在同一建筑物内防火要求不同或灭火方法不同的实验室之间，应设防火墙或防火间隔墙加以分隔。防火间隔墙应采用非燃烧体。甲、乙类火灾危险性工作场所，有明火、高温或使用易燃、可燃液体作燃料等火灾危险性工作场所，大型精密仪器实验室，剧毒化学品实验室，一、二、三耐火等级建筑物的门厅和走廊的间隔墙，均应考虑采用耐火极限不小于1.5h的非燃烧体构成。电梯井和电梯机房的防火间隔墙，应采用耐火极限不小于1h的非燃烧体构件。

2. 防火带

三、四、五级耐火等级的单层建筑，如因技术或其他方面的原因不能设置防火墙完全隔开时，可用防火带代替。防火带承重墙与柱的耐火极限应不小于4h，屋顶结构应采用耐火极限不小于1.5h的非燃烧材料，其宽度不得小于6m，并应高出相邻屋70cm。在防火带下面不得放置易燃、可燃、易爆物品，也不得进行此类物质的操作。

3. 防火门、窗

设有出入口的防火墙，应设防火门，供防火、防烟之用，其耐火极限应不小于1.2h。防火门应有自动关闭设施，在建筑物失火时可自行关闭。

操作易燃、易爆的实验室或其他严格要求防火的场所，重要科技情报资料室，剧毒品实验室等与其他房间的连通处，也应加设防火门。此外，在其他甲、乙类火灾危险性工作场所（一、二级耐火等级）内，耐火极限不低于2h的内墙上的门、窗洞以及直接由室内通向楼梯间的门洞，均应使用防火门、窗，其耐火极限不小于0.5h。室内较长的走道，也应安设这种耐火极限的防火门，可活动关闭，平时不锁。

防火门常用以下两种结构：

（1）用镀锌薄钢板包钉的木板夹石棉（或在木骨架内填石棉）门。

（2）用薄钢板包起的薄壁型钢骨架门，内充石棉。

防火门的开启可用平开式、推拉式、升降式或卷帘式等多种形式。防火门应设计合理，安装得当，注意保证门缝的严密性，不使窜入烟火。必要时应装双重防火门。卷帘式防火门如用金属片制成，宜配置自动喷水器，以提高隔热效果；如用石棉布制成，应刷防火漆封闭小孔，以改善防火性能。

防火门中的木构件在遇到火灾时燃烧所产生的气体，会胀坏外包的钢板，为此，应在防火门上开设泄气孔，设于门的上、下两半部的中央，并用易熔合金焊上盖子。重锤式自动关闭防火门应加开活动小门，便于随时开启。

为增加窗户的防火效能，可在普通窗扇外侧和木窗框上加包一层镀锌薄钢板，白天开启，以进行通风和采光，下班后关闭。这种开启式钢板防火窗常用于库房内，如相邻建筑物比较靠近，但有必要在防火墙上开设窗洞采光时，可以采用分格不太大的钢窗框和嵌丝玻璃，必要时可采用钢筋混凝土窗框和双层嵌丝玻璃，也可采用玻璃砖砌造窗洞，但其面积不宜超过 $1.5m^2$。

4. 防火实验室

凡有高度火灾危险性的操作，均应在专设的防火实验室内进行，以防在发生火灾时引起火势的蔓延。操作时间长，需要通宵工作的火灾危险性操作，也应在防火实验室内进行。

防火实验室的墙体与门的耐火极限应不小于 2h。平顶的耐火极限应不小于 3h。采用混凝土楼（地）板，设有地漏，并设门槛，高 7~8cm，分别供排泄灭火液体与阻止液体外流之用。

防火实验室内所用的煤气管道、压缩空气管道等均应设截流阀，符合防火安全要求。电气动力、照明设施也应合乎防火要求。操作中如有发生爆炸的危险，应设防爆泄压设施。

设计防火实验室时，应充分考虑防火、防爆、防毒与用电安全等安全要求。

5. 其他防火隔断物与辅助设施

为防止火灾在建筑物内蔓延，应根据工作场所火灾危险性的大小，对建筑物实行防火分隔措施。凡火灾危险性大，位置较高，救火不便的工作场所，房间的隔间面积应较小。隔间所用的构件应有相近的耐火极限值，以防在耐火极限较短的处所打开扩大火灾的缺口并进而影响整个防火隔断体系的耐火效果。

防火墙、楼面等的孔洞，为保证防火安全，应该采取隔断措施。为防低层起火时火舌贴墙窜入上层，高层实验楼等建筑物宜在每层窗顶装上有飘出的雨篷，或安装防火窗。

储存可燃物的仓库，需用防火墙分隔为数段，以减少火灾及水渍造成的损失。不同性质的化学品，如储于同一仓库内，应将燃烧性能相似或使用相同灭火剂的化学品分别储存在一起。严禁将不相容化学品储存在一起。

为排除火灾时形成的大量烟气，建筑物应设防火通气天窗等通气孔道，可将烟焰传送至其他地方，避免火势蔓延。为此，多层建筑物的垂直排风管等管道必须由非燃烧材料制成，并应安装阻火闸门。一些实验室常在靠内墙处用砖砌成管道竖井，将排风管等管道布置在竖井内，也有的将走廊墙做成凹凸墙或双墙，或利用大的钢筋混凝土柱子，在其中敷设垂直管道。所有这些设施，均应注意严格保证防火安全。一般规定，在火灾危险性较大的建筑物内，垂直通风管道应每层分开设置，不得穿过楼板。

排、通风管道内的阻火闸门，应能在管道内烟气温度达到70℃（通风管道）或28℃（排烟管道）时，通过易熔环或其他感温设备的作用，立即顺气流的方向自行严密关闭，且不会因管道受火灾破坏或弯曲而影响其阻火性能。阻火闸门的耐火极限应与楼板相同。每一层楼均应设阻火闸门。

6. 防火间距

为防建筑物火灾向外部蔓延，并为灭火和安全分散创造条件，在建筑物之间应有一定的防火间距。防火间距的大小，应根据操作的火灾危险性类别，建筑物的耐火等级与性质，是否设有防火隔断设施等因素来决定。不同火灾危险性类别的建筑物，应按其最近部位操作火灾危险性最大的一个来决定。

（二）实验室建筑物的防爆设施

1. 选址

有爆炸危险的实验室宜尽可能使用单独的建筑物，单层敞开（或半敞开）式构造，设在本单位的边缘，与其他建筑物保持一定的防火间距，且居于下风向（按当地全年主导风向）。操作室应避免西向，以减少日晒。建筑物的主轴线宜与年主导风向垂直（或成45°以上夹角）。

2. 防爆分隔

有爆炸危险性的房间，在与邻室相接处必须采用防爆墙（或防火墙）且只能一面贴邻。墙上不得设置单扇门直接与邻室相通。必要时可设外廊、阳台或双门斗，以供联系。有爆炸危险性的实验室，如需设置辅助用房（如实验室、休息室、办公室、资料室），必须采用非燃烧体实验墙分隔，其耐火极限应不小于3.5h。在爆炸危险性实验室与辅助用房之间不得设门洞直接相通，必要时可设双门洞。

3. 建筑结构

（1）防爆实验室应采用一级或二级耐火等级建筑。

（2）采用框架结构。防爆要求较高时，宜采用整体性良好的现浇式钢筋混凝土框架结构。如用钢框架结构，应将外露钢构件用非燃烧材料保护，以提高耐火极限。

（3）对于砖墙承重结构，应设法增强其刚度和抗爆能力，例如：增设封闭式钢筋混凝土圈梁，在砖墙内配置钢筋，添加屋架支撑等。

（4）多数易燃液体的蒸气比空气重，对于此类物质的操作场所，以及操作可燃粉尘或纤维的乙类火灾危险性场所，均宜使用防火地面。对于可燃气体或蒸气密度小于空气的爆炸危险性工作场所，应在房屋顶部开设排气孔。不做天棚闷顶，并防止形成死角。

（5）采用防爆墙，例如钢筋混凝土防爆墙等。防爆墙的作用有防御爆炸冲击波、防止火灾扩散。如为砖墙结构，应在水平砖缝中配设统长钢筋（直径 8mm）。

（6）为了防止门、窗玻璃聚光引起局部增热，防爆实验室的门、窗应使用磨砂玻璃（光面向内）或蓝色玻璃。

（7）室内宜采用导电塑料地板，可防止摩擦时产生火花，也可避免静电积聚。有的场所（如操作、储藏氢气或氢气瓶）应采用铝板为地板，以防撞击、摩擦或静电积聚产生火花。

（8）工作台面、地面均不得使用塑料、橡胶等类绝缘材料。如铺地毯，其内应夹织金属丝，且与接地体（水管等）相连。

（9）防爆实验室应设导除静电的接地装置，连成环形接地网，断面不小于（15×4）mm^2，接地引下线断面不得小于（25×4）mm^2，接地电阻应小。

4. 防爆泄压

可燃气体、蒸气或粉尘的最大爆炸压力大都在 0.25~1MPa，但建筑物的耐爆炸能力则远小于此，通常不到 0.01MPa（例如：1 砖半厚的砖墙只能耐受约 7kPa 的爆炸压力）。显然，设计完全密闭的防爆室，将爆炸压力限制在室内的想法完全是不现实的。解决的方法是，一方面要求建筑主体结构能耐受一定的爆炸压力，并在与邻室接界处设置防爆墙。另一方面，为了防止建筑物的承重构件在爆炸时遭受破坏，应将室内的爆炸气体压力及时泄除，使主体结构免遭破坏。

泄压孔道面积与室内空间体积之比一般应为 0.05：1 至 0.10：1（m^2：m^3），在必要时（如从事氢、乙炔、甲醇、乙醇、丙酮等类易爆介质的场所），可取更高的数值，例如 0.20：1（m^2：m^3）以上。

作为泄压孔道的建筑构、配件应为轻质结构，单位面积质量一般不超过 100kg，通常可用石棉水泥瓦、加气混凝土板、石膏板等类材料。外窗面积应大，向外开启，玻璃不宜过厚（通常可用 3mm 玻璃）。门扇应易于脱落，向外开启。此外可采用易于飞脱的板墙等物件。

项目实施

天平室环境与实验室通风系统分析评价

一、目标

通过对天平室环境条件进行记录、分析，帮助学生理解仪器的配置、测试环境的选择对分析测试的重要性；通过对实验室功能与通风系统匹配情况的分析、评价，培养学生实验室安全第一、绿色环保的意识；通过小组分工完成和优化任务，培养学生团队合作意识以及分析问题和解决问题的能力。

二、分析

观测本校天平室与实验室通风系统，主要完成天平室环境数据、功能实验室通风系统配置情况的记录与分析，根据观测结果，分析实验室在环境条件、基础设施建设方面的达标情况并给出意见与整改措施。

三、实施

（1）学生完成分组，各小组选择不同实验室作为观测对象。

（2）学生复习巩固实验室对环境的基本要求、实验室的基础设施建设等方面的相关知识点。

（3）学生将天平室环境数据填入表 1-3。

表 1-3　　天平室环境数据

实验室名称：天平室			
温度/℃		湿度/%	
天平型号规格		数量	
采光条件			
天平台			
防振措施			
其他干扰因素			

学生根据实际观测的结果，对照“各主要实验室对环境的基本要求”，对本校天平室作出评价，并给出意见及整改措施。

（4）学生将实验室通风系统数据填入表 1-4。

表 1-4　　实验室通风系统数据

实验室名称			
通风系统			
	通风柜	排气罩	全室通风
种类			
主要功能及特点分析			

学生根据实际观测的结果，对照“基本实验室的基础设施建设”，分析、总结本校各功能实验室通风系统的情况，并给出意见及整改措施。

（5）小组整理汇报。

（6）通过小组内互评、组间互评及教师评价三方面对任务结果综合打分。

四、评价

（1）以小组为单位完成任务，明确小组成员分工。

（2）根据小组成员参与程度及完成度进行组内互评。

（3）小组间根据每组完成任务质量进行投票排序。

（4）教师根据组间互评及任务完成情况综合评价，具体见表 1-5。

表 1-5　　综合评价表

<table>
<tr><td rowspan="7">组内互评
（30%）</td><td>姓名</td><td colspan="2">得分</td></tr>
<tr><td></td><td colspan="2"></td></tr>
<tr><td></td><td colspan="2"></td></tr>
<tr><td></td><td colspan="2"></td></tr>
<tr><td></td><td colspan="2"></td></tr>
<tr><td></td><td colspan="2"></td></tr>
<tr><td>平均分</td><td colspan="2"></td></tr>
<tr><td>组间互评
（20%）</td><td colspan="3"></td></tr>
<tr><td rowspan="5">教师评价
（50%）</td><td>评价指标</td><td>分值</td><td>备注</td></tr>
<tr><td>天平室数据记录</td><td>10</td><td>真实、准确、规范</td></tr>
<tr><td>天平室环境条件</td><td>15</td><td>分析、评价合理</td></tr>
<tr><td>通风系统类型与实验室需求</td><td>15</td><td>分析准确、合理</td></tr>
<tr><td>小组汇报</td><td>10</td><td>准确、清晰、完整</td></tr>
<tr><td>实训成绩
（满分 100 分）</td><td colspan="3"></td></tr>
</table>

思考题

1. 实验室初步设计的主要内容是什么？
2. 什么是环境振源？
3. 实验室给水按用途有哪三种？
4. 实验室内的基础设施有哪些？
5. 实验台的配套设施有哪些？
6. 通风柜的种类有哪些？

模块一　在线测试

模块二

实验室人员组织与管理

学习目标

知识目标

1. 了解企业组织结构的常见形式及其优缺点。
2. 理解实验室系统人力资源配置及管理的原则、内容与方法。
3. 掌握实验室系统结构设置的内容及人员职责。

能力目标

1. 根据实验室人力资源管理的要求，能够制订管理制度。
2. 能结合实际设置企业实验室的组织机构并编写部门和人员岗位职责。
3. 具有从事实验室人员管理的初步能力。

素质目标

1. 良好的沟通和合作意识，遵守职业道德和职业规范。
2. 认真负责的工作态度，具有责任担当，有大局意识和核心意识。

案例导入

某企业组建了新的实验室系统，总经理召集相关人员就此次实验室人员招聘展开讨论并商议制订方案。李副总首先说到，目前企业发展势头喜人，人才市场上人力资源丰富，大学生、硕士生、博士生很多，我们这次也多招几个学位高一点的，如硕士生、博士生来装装门面；王经理则认为大学生刚从学校出来，经验少，还是直接从别的企业引进几个年纪大点的、经验丰富点的来，这样上手就很快；张经理却又认为实验室招收人员当然要全都是检测人员，最好专业上都能统一，学历低点没关系，只要勤快就行，青年人精力充沛……如果把你放在总经理的位置上，请你分析一下上述几位的进人思路各存在什么问题，你认为应如何着手招收该实验室的人员？

项目一 实验室的组织结构

组织是为有效地配置内部有限资源的活动和机构，为了实现一定的共同目标而按照一定的规则、程序所构成的一种责权结构安排和认识安排，其目的在于确保以最高的效率使目标得以实现。组织包括两层含义：一是实体上的组织，即构成的人的集合；二是职能（一般是人、事物、机构具有的作用和功能）意义上组织，即在特定环境中，为了有效地实现共同的目标和任务，合理确定组织成员、任务及各项活动之间的关系，并对组织资源进行合理配置的过程。管理是对组织的资源进行有效整合以达到组织既定目标与责任的动态创造性活动。管理的核心在于对现实资源的有效整合。

一、国内企业中常见的组织结构形式

（一）直线职能制

目前我国大多数企业都采用这种组织结构形式（图 2-1 和图 2-2），这种组织结构形式是把企业管理机构和人员分为两类，一类是直线领导机构和人员，按命令统一原则对各级组织行使指挥权；另一类是职能机构和人员，按专业化原则从事组织的各项职能管理工作。

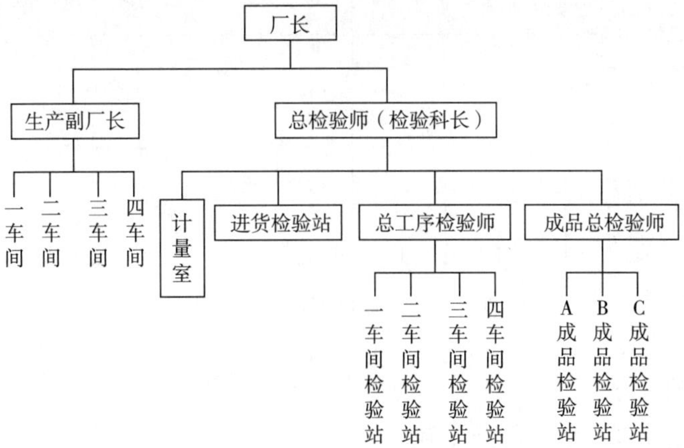

图 2-1　按检验形式组成的直线职能制组织结构

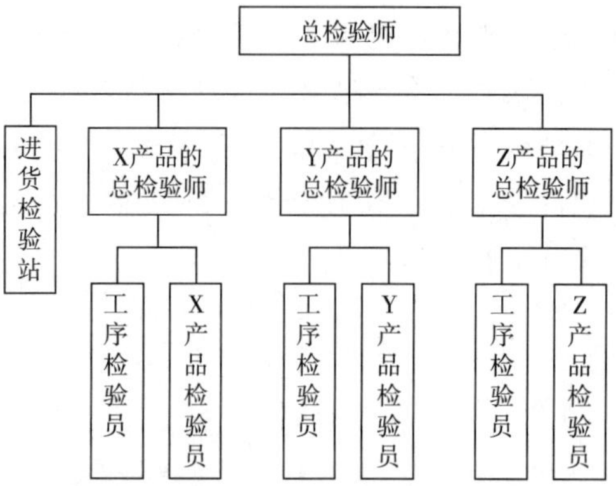

图 2-2　按产品品种组成的直线职能制组织结构

直线职能制的优点是：既保证了企业管理体系的集中统一，又可以在各级行政负责人的领导下，充分发挥各专业管理机构的作用。其缺点是：职能部门之间的协作和配合性较差，职能部门的许多工作要直接向上层领导报告请示才能处理，这一方面加重了上层领导的工作负担，另一方面也造成办事效率低。

（二）事业部制

事业部制最早是由美国通用汽车公司总裁斯隆于 1924 年提出的，故有“斯隆模型”之称，也称“联邦分权化”，是一种高度（层）集权下的分权管理体制。它适用于规模庞大、品种繁多、技术复杂的大型企业，是国内外较大的联合公司、大型企业集团所采用的一种组织结构形式（图 2-3）。

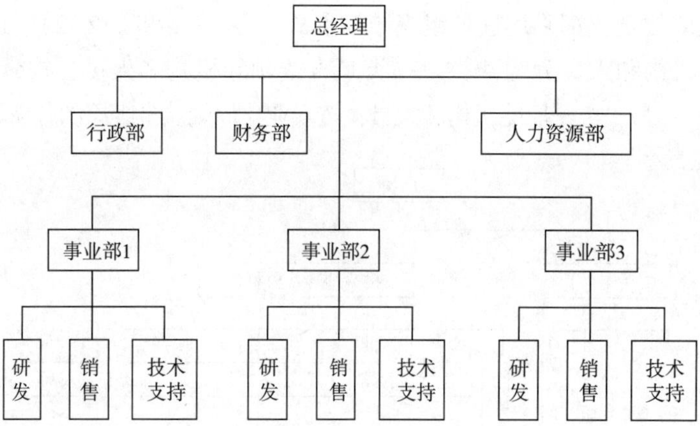

图 2-3　事业部制的组织结构

1. 事业部制的优点

（1）每个事业部都有自己的产品和市场，能够规划其未来发展，也能灵活自主地适应市场出现的新情况并迅速作出反应，所以，这种组织结构既有高度的稳定性，又有良好的适应性。

（2）权力下放，有利于最高领导层摆脱日常行政事务和直接管理具体经营工作的繁杂事务，而成为坚强有力的决策机构，同时又能使各事业部发挥经营管理的积极性和创造性，从而提高企业的整体效益。

（3）事业部经理虽然只是负责领导一个比所属企业小得多的单位，但由于事业部自成系统、独立经营，相当于一个完整的企业，所以，他能经受企业高层管理者面临的各种考验。显然，这有利于培养全面管理人才，为企业的未来发展储备干部。

（4）事业部作为利润中心，既便于建立衡量事业部及其经理工作效率的标准，进行严格的考核，也易于评价每种产品对公司总利润的贡献大小，用以指导企业发展的战略决策。

（5）按产品划分事业部，便于组织专业化生产，形成经济规模，采用专用设备，并能使个人的技术和专业知识在生产和销售领域得到最大限度的发挥，因而有利于提高劳动生产率和企业经济效益。

（6）各事业部门之间可以有比较、有竞争，由此而增强企业活力，促进企业的全面发展。

（7）各事业部自主经营，责任明确，使得目标管理和自我控制能有效地进行，在这样的条件下，高层领导的管理幅度便可以适当扩大。

2. 事业部制的缺点

（1）由于各事业部利益的独立性，容易滋长本位主义。

（2）一定程度上增加了费用开支。

（3）对公司总部的管理工作要求较高，否则容易发生失控。

除了以上两种主要的组织结构形式外，还有模拟分权制和矩阵制等几种适用于特殊行业领域或特殊工作需要的组织结构形式。

每种组织结构都有优缺点，实验室应结合本机构人员、设备、检测领域的技术特点以及发展阶段和规模，针对各种组织结构形式，分析其对实现自身目标的优劣，确定自身组织结构形式。应尽量发挥优点，采取适当的措施弥补缺点。

二、 实验室组织结构的地位及隶属关系

（一）地位

实验室作为企业产品的质检机构，具有法律地位。这种法律地位是其他部门所不能替代的。在检验工作中，实验室应具有独立开展业务的权利，不受任何行政干预。实验室系统应当作为一个独立的系统，在组织结构、管理制度等方面相对独立，并能严格遵守企业的《质量手册》，坚持实事求是的原则，科学、公正地完成每一项检测工作。

（二）隶属关系

参照国内企业的情况，目前多采用的仍是直线职能制组织结构形式下的集中职能领导

的组织体系，纵向管理模式对避免人为横向干扰的效果较为显著，有利于加强产品质量的监督管理和强化检验部门的质量否决权。而引进事业部制组织结构形式的大型集团公司，则往往把质量检验机构独立于生产系统以外，甚至很多企业还设立了职权远高于生产管理部门的质量职能部门。

总体来看，认可的实验室应配备能满足检验项目的仪器设备，以及具有能满足检验工作需要的场所设施和环境条件，并根据所承担的任务积极开展科学试验工作，努力提高实验技术，完善技术条件和工作环境，以保证高效率、高水平地完成各项任务，维护实验室质检机构的合法权益。

三、 实验室的人力资源配置

在工业生产中，实验室系统的设置，一般设有中心实验室、车间实验室和班组实验室（岗），构成一个三级检验体系。产品品种多的企业，实验室的专业室内还可以分设多个专业组，而规模较小的企业，实验室内也可以不设专业室，而改设若干专业组，甚至可以把若干“组”合并设置。大型生产企业的实验室通常自成体系，其办公室及技术室内部还可以再分设若干个职能室（组），形成独立的管理体系，从而更好地为实验室和基层检验部门服务。

在检测企业中，实验室机构的设置，一般设有分析室、现场室、质量管理室和综合室。机构的设置应以组织目标为依据，有效地进行人员配置、仪器设备配置，明确组织机构在检验中所具有的地位和权力。

（一）资源与人力资源

所谓资源，泛指社会财富的源泉。归纳起来，资源基本上包括两大类：一类是物力资源（仪器、设备、设施等）；另一类是人力资源（数量与质量）。这两种资源是实现实验室质量保证的基本条件。

1. 实验室规模与资源的关系

实验室应根据企事业组织的目标进行设计和规划，根据企事业组织的规模来确定对于资源的需求。例如，一个小型企业（小型化工厂）其生产项目单一，检验方法简单，只要求对产品做出一般的质检分析，并不需要配置十分精密的仪器设备及优良的设施环境，因此这样的实验室所具有的规模就相应小些，所需资源也相应较少。又如，对于大、中型企业，由于生产的产品种类多，涉及的检验方法和测试手段也多样化，目标要求较高，需要的仪器设备精度高、种类全，不仅有简单的仪器设备及较完整的检测设施，而且还需要有大型的精密仪器和必备的校准作业的设施，更需要一支专业水平较高的技术人员队伍。这类实验室的规模一般较大。再如，对于具有特殊性质的研究机构，不仅有种类齐全的精密仪器和优良的检测设施，而且还要有一支高素质、高水平的专业研究人员队伍，所以实验室的规模通常也较大，所需的资源水平也较高。

2. 实验室的人力资源

人力资源是实验室检验系统的重要因素，也是最活跃的要素。人力资源也称劳动力资源、劳动资源、人类资源，是存在于人体中的经济资源，用以反映一个国家、地区或单位劳动者所具有的劳动能力。人力资源具有物质性、可用性和有限性。所谓物质性是指人的劳动能力以体力和智力的形式存在于人体之中，依赖于人体而存在；可用性是指作为生产要素投入的劳动力，会产生作为生产成果的更多的社会财富；有限性是指劳动力具有质和量的规定性，只能在一定的条件下形成、以一定的规模利用。人力资源和其他经济资源具有同样的性质，因此也服从同样的经济运行规律。

人力与物力的不同结合方式是资源要素的不同配置方式，研究配置现状和规律，寻找人力资源利用的有效途径，是管理学不断追求的目标。在实验室检验系统人力资源的构建中，根据系统的目标和任务，把握好人力资源的组成和结构；遵循效率原则，科学合理地设置人员编制和结构；力求减少管理层次，精简管理人员，并随承担任务的变化而变动，以保证整体工作效率。在实验室检验系统人力资源管理中，要抓住“人”这个关键，确定人是决定因素、事在人为、以人为本、促进实验室检验系统员工全面发展的观念；建立激励机制，在适当的时候把适合的人员安排在适合的位置上，以最大限度地提高效益为准则，充分调动各类人员的积极性；高度重视员工培训，建立高素质的人才队伍；创造人人参与管理的氛围。

（二）实验室系统人力资源的配置

实验室系统中的各类人员在相应组织机构和管理人员的组织领导下，进行分析检验的技术和管理工作，完成其系统的目标和任务。实验室系统的运作主要包括分析检验具体技术工作、研究性工作、管理工作和其他辅助性工作。所以，实验室系统的人力资源的组成主要是从事检验工作的技术人员和研究人员，实验室系统的管理人员，其他的辅助人员等。因此，实验室系统人力资源的配置主要应从以下几方面来进行考虑和安排。

1. 专业（学科）结构

随着科学技术的发展和企业的技术进步，实验室分析检验系统的分析检验技术和技术装备也在不断地更新和发展。随着中国经济发展和国外先进技术的引进，越来越多的具有世界先进水平的实验技术、仪器装备，也陆续引入国门，并逐渐进入相关的实验室。这些国内外的高精尖技术、仪器设备，是多种学科相互渗透和各种专业技术综合的结晶，它们要求使用者必须在相关学科知识的深度和广度上都有较高程度的了解，才能正确地运用和发挥其运行效能。

现代企业实验室的管理，要求各级实验室管理人员在对实验室实施科学管理的同时，推动实验室在技术上不断进步，理所当然地要求他们必须具备相应的先进检验技术及相关科学知识。而相应的，实验室系统人力资源也应包含多个专业（学科）的人员，且必须按其承担的任务和检验系统技术装备的水平，构成合理的专业（学科）比例。

2. 技术职务（等级）结构

在一个组织系统中，需要有不同层次的人员如高级、中级和初级职称的专业技术人员，以及不同技能级别的化验技师、化验工在智能上互补，以发挥整体优势。根据实验室管理学的能级原理，一个实验室检验室系统中人员的技术职务（等级）比例，应保证结构的稳定性和有效性，所以，要依据实验室系统的目标和任务、规模和技术装备状况，确定高级、中级和初级技术职务（技能等级）人员的比例，形成一个完整的结构，并随着科学技术的发展和实验室系统目标任务、规模及技术装备状况的变化，不断地进行调整，使系统中的人力资源能各尽其职、各尽所能、相互配合，构成一个动态平衡的有机集合体。

3. 年龄结构

年龄结构指实验室系统人力资源中老年、中年和青年的比例。脑力劳动是复杂劳动，需要劳动者具有旺盛的精力和很强的创造力、记忆力、理解力以及丰富的想象力。这些因素与年龄有密切关系。青年人精力旺盛、记忆力强；年龄较高的技术人员经验丰富，判断力成熟。因此合理的年龄梯队，可实现实验室人员的优势互补与新老交替。考虑到实验室工作技能、管理工作能力及工作经验，并结合青年人的灵敏性等因素，实验室一线人员一般应尽可能安排青年人或年龄较小的人员，而管理层人员的年龄则可稍大一些。

项目实施

实验室组织结构设计

一、 目标

通过实训任务，学生能够掌握两种组织结构各自特点及优缺点，具备根据企业规模、产品种类及人力资源等因素制订合适的组织结构的能力，培养学生团队合作意识以及分析问题和解决问题的能力。

二、 分析

某食品企业主要生产鲜乳、酸乳、乳粉和冰激凌等乳制品以及乳饮料，根据生产实际需要，设有综合实验室，主要包括以下几个部分。

（1）理化分析实验室

①理化分析室，分为常规营养成分分析室、添加物分析室；②大型仪器室（配有色谱仪和光谱仪）。

（2）微生物实验室

①微生物检验操作室；②无菌室；③培养基制作室；④洗涤消毒室。

（3）样品前处理室。

（4）高温室。

（5）天平室。

（6）药品室和留样室。

（7）办公室。

请根据所学直线职能制和事业部制两种组织结构不同之处展开讨论。

三、 实施

（1）学生完成分组，各小组完成资料收集及整理工作。

（2）结合所学人员组织与管理内容，学生根据任务单提供的实验室现状，自拟直线职能制和事业部制两种组织结构，并分析其优缺点。

（3）分组讨论并整理汇报。

（4）教师参与并点评。

（5）通过小组内互评、组间互评及教师评价三方面对任务结果综合打分。

四、 评价

（1）以小组为单位完成任务，明确小组成员分工。

（2）根据小组成员参与程度及完成度进行组内互评。

（3）小组间根据每组完成任务质量进行投票排序。

（4）教师根据组间互评及任务完成情况综合评价，具体见表 2-1。

表 2-1　　综合评价表

<table>
<tr><td rowspan="7">组内互评
（30%）</td><td>姓名</td><td colspan="2">得分</td></tr>
<tr><td></td><td colspan="2"></td></tr>
<tr><td></td><td colspan="2"></td></tr>
<tr><td></td><td colspan="2"></td></tr>
<tr><td></td><td colspan="2"></td></tr>
<tr><td></td><td colspan="2"></td></tr>
<tr><td>平均分</td><td colspan="2"></td></tr>
<tr><td>组间互评
（20%）</td><td colspan="3"></td></tr>
<tr><td rowspan="4">教师评价
（50%）</td><td>评价指标</td><td>分值</td><td>备注</td></tr>
<tr><td>直线职能制组织结构</td><td>15</td><td>PPT 演讲，重点是结合单位现状，提出方案</td></tr>
<tr><td>事业部制组织结构</td><td>15</td><td>PPT 演讲，重点是结合单位现状，提出方案</td></tr>
<tr><td>两种组织结构优缺点分析</td><td>20</td><td>PPT 演讲，重点是结合实际情况，明确具体优缺点</td></tr>
<tr><td>实训成绩
（满分 100 分）</td><td colspan="3"></td></tr>
</table>

项目二

实验室人员组织

一、 实验室人员基本要求

检验检测机构应建立和保持人员管理程序，对人员资格确认、任用、授权和能力保持等进行规范管理。检验检测机构应与其人员建立劳动聘用或录用关系，明确技术人员和管理人员的岗位职责、任职要求和工作关系，使其满足岗位要求并具有所需的权力和资源，履行建立、实施、保持和持续改进管理体系的职责。

在 RB/T 214—2017《检验检测机构资质认定能力评价　检验检测机构通用要求》及 CNAS-CL01：2018《检测和校准实验室能力认可准则》中，都对人员提出了总体性要求。例如 RB/T 214—2017 4. 2. 1 中要求检验检测机构中所有可能影响检验检测活动的人员，无论是内部还是外部人员，均应行为公正，受到监督，胜任工作，并按照管理体系要求履行职责。CNAS-CL01：2018 6. 2. 1 中要求所有可能影响实验室活动结果的人员，无论是内部人员还是外部人员，应行为公正、有能力，并按照实验室管理体系要求工作，具体有以下三个方面。

1. 公正为先

行为公正，就是没有利益冲突或利益冲突已解决，这是检验检测机构的本质属性，没有公正性就没有检验检测。公正性是建立社会信任和自我保持诚信的基础，是对人员普遍的、原则性的要求，也是确保检测数据结果客观、真实、准确的基础。

2. 能力为本

实验室最难解决的问题是“人”的问题。人员方面的根本问题是人的能力问题——管理和技术两方面的能力，“能力”是对人员要求的核心，报告一旦发出，必然会有相应的后果，没有能力，数据准确就无从谈起。管理人员应有管理能力，技术人员应有技术能力，对人员来说，能力是核心。

3. 体系为重

管理体系包含、引用和链接了满足标准的所有要求，明确规定了实验室内部各过程运行的基本规则，是实验室建立秩序和稳定运行的基础，包含了实验室证明自身具有技术能力并能确保数据结果有效性的所有要素。简单理解，管理体系实际上就是告诉我们做什么、怎么做，是一套实验室建设完整的管理制度，是实验室最佳的标准化、制度化建设方案。按管理体系要求开展工作，可确保工作质量、减少出错率、提高工作效率，消除或减小合规运行风险和结果有效性风险，使公司走在规范的轨道上，实现稳健发展。

这三点总体要求相辅相成，如果只做到行为公正，而没有按管理体系运行，很难保证数据结果可靠；如果只做到按管理体系要求工作，而没有能力，很难保证数据结果准确；如果只做到有能力，而行为不公正，很难保证数据结果客观真实，三者缺一不可。

二、 岗位设置相关规定

检测实验室管理层应通过《质量手册》《程序文件》等相关材料确定岗位的设置情况、各岗位的职能和要求，包括学历、知识技能水平、资格、培训等。

××××检测有限公司–组织机构图（图片）

（一）基本岗位设置

（1）总经理　最高管理者。

（2）技术负责人　全面负责实验室的技术活动运作，包括重大技术问题的决策、检验技术的开发与应用、设备操作指导书以及各种技术类文件的审批、技术人员技术能力的确认等。

（3）质量负责人　负责实验室内部体系运行维护、文件控制、不符合/纠正/预防的组织处理和实施、内部审核、内部监督，确保管理体系得到实施和保持。

（4）其他部门负责人　负责相应部门工作的管理。

（5）检验人员　负责按照规定程序进行产品检验并出具检验报告。

（6）内审员（审核人员）　负责内部管理体系的审核。

××××检测有限公司–任命书（文档）

（二）任职一般要求

（1）应设置全权负责的管理层，管理层应履行其对管理体系的领导作用和承诺：
①对公正性做出承诺；
②负责管理体系的建立和有效运行；
③确保管理体系所需的资源；
④确保制定质量方针和质量目标；
⑤确保管理体系要求融入检验检测的全过程；
⑥组织管理体系的管理评审；
⑦确保管理体系实现预期结果；
⑧满足相关法律法规要求和客户要求；
⑨提升客户满意度；
⑩运用过程方法建立管理体系和分析风险、机遇。

（2）技术负责人应具有中级及以上专业技术职称或同等能力，熟悉检验业务和技术管理，具备解决和处理检验工作中技术问题的能力。

（3）质量负责人应具有中级及以上专业技术职称或同等能力，熟悉检验业务和检验工作质量管理方面的知识，有处理质量问题的能力。

（4）授权签字人应具有中级及以上专业技术职称或同等能力，并经资质认定部门批准，非授权签字人不得签发检验检测报告或证书。

“同等能力”指需满足以下条件：

①大专毕业后，从事专业技术工作 8 年及以上；

②大学本科毕业，从事相关专业 5 年及以上；

③硕士学位以上（含），从事相关专业 3 年及以上；

④博士学位以上（含），从事相关专业 1 年及以上。

（5）从事化学检测的人员应至少具有化学或相关专业专科以上的学历，或者具有 10 年以上化学检测工作经历。

（6）进行检测或校准结果复核、检验或校准方法验证或确认、签发证书或报告的关键技术人员，除了具备（4）规定外，还应有 3 年以上本专业领域的检测经历。

（三）特殊要求

从事化学检测的人员应接受检测方法、质量控制方法、化学安全防护、职业卫生以及紧急救护等相关的培训，并保留培训记录。对于复杂仪器的操作人员，应接受仪器原理、操作以及维护等相关的专业培训，掌握相关的知识和技能。关键检测人员应掌握化学分析测量不确定度评定的方法，并能就所负责的检测项目进行测量不确定度评定。

微生物检测人员应熟悉生物检测安全操作知识和灭菌知识。使用高压蒸汽灭菌设备的微生物检测人员需持有特种作业人员证书。

三、 实验室各部门职责和岗位职责

（一）部门职责

1. 检测部门职责

（1）遵守法规和管理体系文件，确保管理体系的有效运行。

（2）完成各项检测任务，认真做好相应的记录、出具检测报告。

（3）维护和保养仪器设备，保证其在受控状态和有效期内使用。

（4）负责检测过程的样品管理和检测完毕后的样品返还样品室。

（5）负责本公司仪器设备的管理，对各检测室仪器设备使用、维护、保养情况进行检查考核，并统计上报。

（6）负责提报本公司仪器设备的购置、调拨、改造、报废计划，经实验室主任批准组织实施。

（7）负责对仪器设备事故的调查处理工作。

（8）负责本部门的日常管理工作。

2. 管理部门职责

（1）负责本公司管理体系文件的编制、管理、发放、宣贯。

（2）负责审批本公司的检验报告。

（3）负责对外业务接待，受理、处理申诉和投诉。

（4）负责本公司检测样品的管理。

（5）负责本公司检测报告的登记、发放和管理。

（6）负责本公司标准资料的收集和管理工作。

（7）负责提报本公司年度技术培训、考核计划，以及经批准后的组织实施。

（8）组织新技术、新项目的论证。

（9）负责本公司实验室认可准备工作的组织实施。

（10）组织对本公司检测质量事故的处理。

（11）按时完成实验室主任交办的其他临时性工作。

（12）负责客户意见的反馈，与客户签订简单委托。

（13）建立实验室人员名册及个人技术档案。

（14）负责对人员的培训及考核的实施工作。

（二）岗位职责

1. 实验室主任/总经理

（1）全面负责本公司各项工作，组织贯彻执行国家有关方针、政策、法律、法规。

（2）确保检测数据的公正性、准确性、代表性，恪守公正、独立、诚实的原则，承担法律责任。

（3）制订质量方针、质量目标，负责质量手册、程序文件的批准和发布，对本公司质量活动进行决策、主持管理评审。

（4）掌握本公司发展方向，组织制订、批准公司发展规划和年度工作计划，组织配置必要的资源。

（5）任命技术负责人和质量负责人，聘任专业技术人员和部门负责人，任命关键岗位人员，指定关键管理岗位的代理人。

（6）审批年度经费预算和决算，审批仪器设备和物资购置计划。

（7）负责人员的引进、调配的批准，组织公司人力资源配置和对全体人员的考核奖惩。

（8）批准重大质量事故引起的责任和赔偿等方面的抱怨与申诉的处理。

（9）主持召开公司办公会议，确保在实验室内部建立适宜的沟通机制，并就管理体系有效性的事宜进行沟通。

（10）提供建立和实施管理体系以及持续改进其有效性承诺的证据。

（11）将满足客户要求和法定要求的重要性传达到组织。

（12）当策划和实施管理体系的变更时，应确保保持管理体系的完整性。

2. 技术负责人

（1）确定公司技术活动的方法和路线。

（2）参与质量手册、程序文件的会审，组织重大项目合同书的评审。

（3）负责全公司人员正确贯彻执行国家标准方法和技术规范，主持编写、修改和审批有关的技术文件（作业指导书、技术记录表式、技术报告等）。

（4）负责采购计划的审核和合格供应商的批准，组织大型仪器设备和关键物资的验收。

（5）负责技术运作活动中不符合工作的控制。

（6）批准技术运作活动方面的纠正措施和预防措施。

（7）负责审批检测工作的新技术、新方法和新能力。

（8）组织检测方法的确认，批准方法偏离的例外许可。

（9）主持人员资格确认工作。

（10）确保实验室运作质量所需的资源。

（11）参加管理评审，提供相关资料，向管理评审会议汇报。

（12）负责技术咨询和技术服务工作的开展。

（13）负责指导、协调分管范围内业务工作。

（14）在质量负责人外出时代行其职责。

3. 质量负责人

（1）负责质量体系及其有效运行，组织质量手册、程序文件、质量记录表等文件的编写和修改，审定质量记录表式，保证质量体系文件的现行有效。

（2）全面负责内审工作，编制年度内审计划，选派内审员，审核内审报告。

（3）组织处理检测工作中的抱怨以及质量事故。

（4）参与重大项目业务技术合同书的评审。

（5）负责质量体系活动中不符合工作的控制。

（6）批准质量体系活动方面的纠正措施和预防措施。

（7）负责实验室间比对、能力验证计划，年度质量控制计划、年度检测设备检定/校准（验证）、确认总体计划、年度人员培训和考核等质量监督和人员培训的有效性评价。

（8）负责测量不确定度的确认。

（9）负责危险化学品、剧毒品的领用批准。

（10）参与管理评审、协助总经理做好管理评审前的组织工作和准备工作，编写管理评审实施计划，代表管理层督促评审中提出的纠正、预防措施的实施。

（11）负责指导、协调分管范围内业务工作。

（12）在技术负责人外出时代行其职责。

4. 检测室主任

（1）全面负责分析室各项工作，编制本室工作计划、总结。

（2）负责提出本室人员的技术培训、考核需求和检测用仪器设备、化学试剂、实验耗材的购置申请。

（3）负责拟定新开设项目及相关仪器设备的购置计划。

（4）负责本室在用仪器设备的管理和期间核查计划的逐项落实。

（5）按要求组织分析人员参加实验室间比对和能力验证活动。

（6）按要求组织分析人员参加分析方法的确认工作。

（7）安排、检查、督促分析人员按规定要求完成各项工作。

（8）对分析中出现的不合格项进行调查分析，提出纠正措施并组织实施。

（9）负责分管范围内实验室的安全、内务、管理工作。

5. 管理组主任

（1）负责本公司体系的管理工作，贯彻执行 CNAS-CL01《检测和校准实验室能力认可准则》《检验检测机构资质认定评审准则》、RB/T 214—2017《检验检测机构资质认定能力评价　检验检测机构通用要求》及相关要求和持续改进管理体系有效性。

（2）参与编制各类管理文件。

（3）参与合同评审和分包方评审。

（4）负责调查客户的反馈意见和服务客户的其他工作。

（5）针对管理组出现的不符合项，提出纠正措施。

（6）针对管理组潜在的问题，提出预防措施。

（7）负责制订质量记录表格，检查管理组各种记录的填写情况。

（8）制订人员培训计划，对新进人员进行管理体系文件培训。

6. 检测人员

（1）须经过培训，考核合格取得上岗证书，熟练掌握与本专业有关的标准检测方法及有关法规。

（2）检测人员应不受任何干预，严格执行本质量手册的规定，严格按有关程序文件和作业指导书开展检测工作，认真做好检测工作，确保数据准确可靠。

（3）熟悉所使用仪器设备的性能及操作规程，做好使用、维护记录。

（4）积极参加有关的培训学习，努力提高技术水平。

（5）当检测仪器设备、检测环境条件或被测样品等不符合检测技术标准要求时，检测人员有权暂停检测工作并及时上报室主任。

7. 质量监督员

（1）对实验室人员特别是在培人员和新上岗人员进行技术监督。

（2）负责检查工作标准溶液（含标准气）的制备、维护、使用状况。

GB/T 23470.1—2009《感官分析感官分析实验室人员一般导则　第1部分：实验室人员职责》（文档）

8. 后勤人员

（1）仪器设备管理员

①负责仪器设备的验收；

②负责建立仪器设备维修方名录；

③负责办理仪器设备的停用、报废手续；

④负责公司仪器设备档案的收集、管理、归档；

⑤建好仪器设备台账。

（2）仓库管理员

①编制相关物资采购计划；

②验收采购物资、分类入库并按要求存放；

③建立库房管理台账；

④负责仓库的防火、防潮、防盗等安全卫生。

（3）档案管理员

①熟悉档案管理业务和库存的档案；

②负责受控文件的登记、发放等日常管理工作和受控文件档案管理及借阅工作；

GB/T 23470.2—2009《感官分析感官分析实验室人员一般导则　第2部分：评价小组组长的聘用和培训》（文档）

③跟踪标准、规范、规程等技术文件的有效性，及时收集有关标准，保证技术文件的现行有效；

④负责监测报告副本、原始记录、仪器设备档案、人员技术业绩档案等的归档保存；

⑤妥善保管档案，防止霉变和虫蛀。

项目实施

实验室人员岗位职责认定

一、 目标

通过实训任务，能够熟练掌握实验室主要人员的基本岗位职责，具备根据岗位明确职责范围，并配合其他岗位完成工作的基本能力，培养严谨的工作态度和认真负责的工作作风，以及分析问题和解决问题的能力。

二、 分析

李某是企业的实验室新进人员，最近遇到一件麻烦事，周五下班关闭电源时，由于错拉电闸，导致超低温冰箱等需要运行的设备因断电而无法正常工作，为企业带来重大损失，引起企业领导重视，并进行临时检查，检查中发现，实验室普遍存在一些问题，如检测报告管理存在漏洞、在培人员独立操作、实验室台面不整齐、实验操作和仪器使用登记不规范等，鉴于此现状立即要求实验室进行全面自查。你若是企业实验室主任，请根据所学知识分析此次事件的相关责任人如何进行全面自查。

三、 实施

（1）复习整理知识点。

（2）分析事件相关责任人并列出相应的依据。

（3）结合所学知识，列出自查项目，并列出相应的依据。

（4）小组分组讨论并整理汇报，教师参与并点评。

（5）通过小组内互评、组间互评及教师评价三方面对任务结果综合打分。

四、 评价

（1）以小组为单位完成任务，明确小组成员分工。

（2）根据小组成员参与程度及完成度进行组内互评。

（3）小组间根据每组完成任务质量进行投票排序。

（4）教师根据组间互评及任务完成情况综合评价，具体见表 2-2。

表 2-2　　综合评价表

组内互评（30%）	姓名	得分	
	平均分		
组间互评（20%）			
教师评价（50%）	评价指标	分值	备注
	分析事件责任人	5	结合案例，定责明确
	列出依据	10	
	列出自查项目	20	自查项目是否全面
	列出依据	15	
实训成绩（满分 100 分）			

项目三

实验室人员管理

一、 实验室人员管理的任务

（一）实验室人员管理的意义

在实验室工作的诸多因素中，人员是最活跃的因素。掌握知识和技能的人，既可以使实验室活动起来，也可能使实验室处于“沉寂”。因此实验室组织管理工作千头万绪，最主要的还是人员的组织管理，人员的组织管理工作做好了，实验室的各项管理就有了好的基础，实验室就有可能在企业的生产和科研开发工作中发挥重要作用。反之，就会出现各种弊端，不能发挥实验室的功能，甚至毫无效率。

（二）实验室人员管理的任务和基本职能

实验室人员管理的任务为积极培养和建设一支实验室技术和管理人员队伍，提高他们的思想政治觉悟和业务技术水平，使这支队伍不断壮大、成长，人员的积极性和创造性得到充分的发挥，从而对企业的生产管理、技术管理、质量管理以及产品开发、更新换代做出应有的贡献。

实验室人员管理的基本职能如下。

（1）领导　对组织实施正确、科学的领导。通过决策、规划以及为实现组织目标对工作人员的激励和必要的指挥，以调动群众的积极性，带领实验室人员为共同目标而奋斗。

（2）组织　根据组织目标对相关的人与事物进行有效的组合，以发挥各自和整体的最大效能。为实验室建设一支有“战斗力”的科学技术队伍。

（3）协调　为实现组织目标，采取适当的方法和措施，进行人员的组织、统筹、协调，使各相关因素恰当地配合，从而充分发挥组织和个人的作用。

二、实验室人员管理的基本原则

在现实的管理工作中，人的管理是所有管理工作的核心。但是，由于人是具有思想的，因此人的管理又是最为复杂的。对实验室人员的管理也不例外地具有很强的政策性和多因素性，不可能有固定的管理模式。然而，和所有的人员组织管理一样，有一些必须遵循的基本原则。

（一）效能原则

高效能是组织管理的中心，就是要充分发挥人的聪明才智和积极能动作用，为实现组织目标做出最大的贡献。组织效能是衡量组织管理水平和有效性的重要标志。

（二）能位原则

要实现组织的高效能，必须注意“效”与“能”的适应，也就是说，人员的才能必须与其工作岗位相适应。人尽其才，量才任用，责权相应，是组织管理的核心。必须指出，能位的“适应”是一种动态平衡，随着时间的推移，平衡将会发生变化，因而在管理实践中应有“动态”观念。

（三）激励原则

“鼓励比批评可以取得更好的效果”，这是现代管理的重要原则。现代管理理论认为，人们是需要激励的，特别是在工作当中遇到困难的时候，更需要适当的激励。正确运用激励手段以激发、鼓励组织成员的积极性和自觉性，是实现组织目标的关键。

激励可以包括精神（表扬、精神鼓励）和物质（经济上的奖励）两个方面，适当的运用将产生意想不到的效果。激励是现代组织管理的基本方法。

（四）沟通原则

在实际管理系统中，相关联的事物是紧密衔接、相互沟通又相互补充的。管理的各个环节、各种制度、人员的任用等各个相关方面，做好相互之间的沟通，实现组织内部的相互补充、相互促进，将有力地提高组织效率和组织活动的有效性。

三、实验室人员管理内容

实验室系统人员管理的目的是要求各类人员的结构合理、岗位职责明确，建立完整有效的激励竞争机制和流动机制，增强各类人员的竞争意识和竞争能力，充分调动其工作积极性、主动性和创造性，使实验室系统人力资源素质得到不断的提高。具体管理内容如下。

（一）定编、定岗位职责、定结构比例

1. 定编

应遵循效率原则并根据实验室系统的实际工作岗位、目标、任务、实验室的发展和技术进步等确定各专业（学科）、技术职务（技能等级）、年龄阶段人员的编制，且注意固定编制与流动编制相结合、各类人员数量和结构的合理性。

2. 定岗位职责

这里的岗位职责指的是实验室系统中从事管理和检验工作的个人岗位职责，也就是具体工作岗位要执行的工作任务。注意根据工作的性质，采取定岗不定人，使之与流动编制相适应。定岗位职责是实行岗位责任制的基础，是人力资源管理科学化的重要措施，是检查和考核岗位人员工作质量、工作效率的主要依据。

3. 定结构比例

在定编和定岗位职责的基础上，确定高级、中级和初级技术职务（技术等级）人员的合理结构比例，明确岗位分类职责，根据职务（技能等级）余缺情况，进行人员流动和逐年考核晋级，逐步到位。

（二）人员能力确认、授权及监督

1. 能力确认

实验室需对相关人员进行能力确认，考察其是否能胜任拟就职岗位。从事抽样、检验检测、签发检验检测报告或证书、提出意见和解释以及操作设备等工作的人员的资格确认可以从以下几个方面进行：

（1）是否有相应的教育背景。

（2）是否接受过相应的培训。

（3）是否有相应的经验。

（4）是否有相应的技能。

实验室确定人员资格后对人员颁发相应的上岗证，人员持证上岗，对于涉及包含法定的、特殊技术领域标准的要求，或是客户要求时，实验室需要满足相关要求的岗证。

2. 人员授权

实验室应授权人员从事特定的实验室活动，包括但不限于以下活动：

（1）开发、修改、验证和确认方法。

（2）分析结果，包括符合性声明或意见和解释。

（3）报告、审查和批准结果。

3. 监督

实验室最高管理者任命对检测方法、程序、目的和结果评价熟悉的人员作为监督员，对检测人员、实习人员等进行监督。监督过程中如发现不符合工作时应及时纠正，对可能造成不良后果的检测行为有权中止，并按相关程序进行处理。

（三）培训管理

1. 培训要求和流程

为了提高履行实验室系统岗位职责的实际能力，应围绕分析检验的技术要求和管理业务，组织相应的培训，以提高实验室系统人员的整体素质。实验室应制订程序对新进技术人员和现有人员新的技术活动进行培训，并保留培训记录。

RB/T 214—2017《检验检测机构资质认定能力评价　检验检测机构通用要求》对于检验检测机构的人员管理做了如下规定。

（1）检验检测机构应对抽样操作设备、检验检测、签发检验检测报告或证书修改及提出意见和解释的人员，依据相应的教育、培训、技能和经验进行能力确认。应由熟悉检验检测目的、程序、方法和结果评价的人员，对检验检测人员包括实习人员进行监督。

（2）检验检测机构应建立和保持人员培训程序，确定人员的教育和培训目标，明确培训需求和实施人员培训。培训计划应与检验检测机构当前和预期的任务相适应。

（3）检验检测机构应保留人员的相关资格、能力确认授权、教育、培训和监督的记录，记录包含能力要求的确定、人员选择、人员培训、人员监督、人员授权和人员能力监控。

岗位培训中，应根据实验室系统的现状和发展对人员素质的要求，提出培训计划和实施意见；制订岗位培训的有关政策、规章、制度以及主要岗位的规范化指导性意见；分级建立岗位培训考核机构，对培训人员进行考核。对培训的考核结果，应记入个人技术档案，作为聘任和晋级的依据。

2. 培训结果评价

实验室可以采用以下方式评价培训的有效性：

（1）能力验证结果。

（2）内部质量控制结果。

（3）内外部审核。

（4）不符合工作的识别。

（5）利益相关方的投诉。

（6）人员监督评价和考核。

（四）职务（技能等级）评聘

职务（技能等级）评聘是指职务（技能等级）资格评定和职务（技能等级）聘用。

1. 职务（技能等级）资格评定

职务（技能等级）资格的评定分为工程技术系列和职业（岗位）技能系列。

工程技术系列职务资格评定由本人申请，实验室主任组织有关人员评议，决定是否向上一级组织推荐，最终由专门的评定机构进行评定。

职业（岗位）技能系列职务资格的评定，则是由劳动部门设置的职业技能鉴定中心（站）进行培训、鉴定和颁证。

2. 职务（技能等级）聘用

根据设置的工作岗位、岗位职责和工作目标及任务，来决定聘用高级、中级和初级职务（技能等级）的人员。

考虑到在实验室系统的人力资源中，主要是一线的分析检验人员，因此，职务（技能等级）评聘，应以评聘职业（岗位）技能系列为主，根据实际岗位需要评聘一部分工程技术系列职务。

在扎实做好实验室系统的人力资源管理工作同时，系统负责人和企业领导应加强对实验室人员的思想政治教育和品德教育，实行严格的考核和聘任制度，规范化、制度化地开展技术职务的评定工作，并可通过设立技术成果奖等奖励措施着力培养实验室技术人员的积极性与创造性，这样才能推动实验室系统的人力资源管理工作进入良性发展的轨道。

项目实施

实验室人员培训管理

一、 目标

通过实训任务，学生能够熟练掌握实验室人员管理的主要内容，具备根据实验室具体要求进行人员能力确认以及制订培训计划和进行相应管理的能力，培养学生管理和沟通的综合能力以及正确评价自己的综合素质。

二、 分析

某第三方检测机构拟招聘 2 名实验员，主要负责产品常规成分检测和防腐剂及抗氧化剂检测分析，请讨论分析如何对新进人员进行能力确认和培训过程管理。

三、 实施

（1）各小组完成资料收集及整理工作。

（2）结合所学知识，确认新招聘人员的能力。

（3）分组讨论，根据实验室要求，制订培训计划。

（4）总结培训过程管理要素。

（5）结合案例中基本要求和职责，讨论在今后学习中需培养的专业能力。

（6）小组整理汇报。

（7）通过小组内互评、组间互评及教师评价三方面对任务结果综合打分。

四、评价

（1）以小组为单位完成任务，明确小组成员分工。

（2）根据小组成员参与程度及完成度进行组内互评。

（3）小组间根据每组完成任务质量进行投票排序。

（4）教师根据组间互评及任务完成情况综合评价，具体见表 2-3。

表 2-3　　综合评价表

<table>
<tr><td rowspan="6">组内互评
（30%）</td><td>姓名</td><td colspan="2">得分</td></tr>
<tr><td></td><td colspan="2"></td></tr>
<tr><td></td><td colspan="2"></td></tr>
<tr><td></td><td colspan="2"></td></tr>
<tr><td></td><td colspan="2"></td></tr>
<tr><td>平均分</td><td colspan="2"></td></tr>
<tr><td>组间互评
（20%）</td><td colspan="3"></td></tr>
<tr><td rowspan="5">教师评价
（50%）</td><td>评价指标</td><td>分值</td><td>备注</td></tr>
<tr><td>新招聘人员能力</td><td>10</td><td></td></tr>
<tr><td>根据实验室要求制订培训计划</td><td>20</td><td></td></tr>
<tr><td>培训过程管理要素</td><td>10</td><td></td></tr>
<tr><td>自我专业能力培养</td><td>10</td><td>可以小组总结，也可以个人</td></tr>
<tr><td>实训成绩
（满分 100 分）</td><td colspan="3"></td></tr>
</table>

思考题

1. 简述实验室人员管理主要内容。
2. 实验室人员管理的基本原则有哪些？
3. 实验室人员管理的基本职能有哪些？
4. 简述实验室检测人员的主要职责。
5. 实验室对人员培训有效性评价的方式有哪些？

模块二　在线测试

模块三

实验室试剂管理

学习目标

知识目标

1. 熟悉实验室化学试剂的分类。
2. 掌握实验室各种化学试剂的日常管理。

能力目标

1. 能够对实验室中的试剂进行分类，并拟定出一个合理的分类保管方法。
2. 熟练掌握标准物质及样品的管理流程。

素质目标

1. 通过对化学试剂的规范管理，培养严谨的科学素养。
2. 通过对危废处置的学习，培养遵纪守法、安全环保意识和良好的职业道德。

案例导入

某公司危险品爆炸事故：2015 年 8 月 12 日 23：30 左右，某公司危险品仓库发生火灾爆炸事故，造成 165 人遇难（其中参与救援处置的公安现役消防人员 24 人、＊＊港消防人员 75 人、公安民警 11 人，事故企业、周边企业员工和居民 55 人）、8 人失踪（其中消防人员 5 人，周边企业员工、＊＊港消防人员家属 3 人），798 人受伤（伤情重及较重的伤员58人、轻伤员740人），304幢建筑物、12428辆商品汽车、7533个集装箱受损。

最终认定事故的直接原因是：某公司危险品仓库运抵区南侧集装箱内的硝化纤维素由于湿润剂散失出现局部干燥，在高温天气等因素的作用下加速分解放热，积热自燃，引起相邻集装箱内的硝化纤维素和其他危险化学品长时间大面积燃烧，导致堆放于运抵区的硝酸铵等危险化学品发生爆炸。

请结合所学知识，分析上述案件中，化学试剂在管理过程中存在的问题，拟定一个健全、有效的管理制度。

项目一

实验室试剂的分类管理

一、 化学试剂的概念

化学试剂的概念（视频）

化学试剂（chemical reagent）是进行化学研究、成分分析的相对标准物质，是科技进步的重要条件，广泛应用于工业、农业、医疗卫生、生命科学、生物技术、环境保护、能源开发、国防军工等科研领域和国民经济发展的各个行业。实验室试剂的管理一方面要做到高效、规范，另一方面要做到安全、节约，从而为积极稳妥推进碳达峰、碳中和做贡献。

化学试剂有以下四个主要特点。

1. 品种多

据统计现在世界上生产和储备的化学试剂有4万~5万种，而且每年都有新的品种出现，以便满足科学技术发展中提出的新需求。

2. 质量要求严格

由于化学试剂与科学实验密切相关，其质量好坏直接影响科学实验的结果，所以每种化学试剂都有相应的技术指标和质量标准，随着科学技术的发展对化学试剂的质量要求也在逐渐提高。

3. 应用面广

在现有科学领域的各个学科和目前经济发展的各个行业中，几乎没有不用化学试剂的。随着学科之间的相互渗透，需要使用化学试剂的领域也会越来越多。

4. 用量少

化学试剂中除了用量最大的通用试剂中的三酸（硫酸、硝酸和盐酸）、二碱（氢氧化钠和碳酸钠）、乙酸等品种，每年全国的需求量可达数百吨至千余吨。大多数品种只需若干千克，有的甚至只需几克，但它们都是不可缺少的。所以化学试剂用量虽少，但都是不可缺的。

化学试剂在储存、运输和销售过程中会受到温度、光辐照、空气和水分等外在因素的影响，容易发生潮解、霉变、变色、聚合、氧化、挥发、升华和分解等物理化学变化，使其失效而无法使用。因此要采用合理的包装，适当的储存条件和运输方式，保证化学试剂在储存、运输和销售过程中不变质。对一些储存和运输有特殊要求的应按特殊要求办理。有些化学试剂有一定的保质期，使用时一定要注意。化学试剂中有一些是属于易燃、易爆、有腐蚀性、有毒或有放射性毒害的化学品，在使用和存放这些化学试剂时，一定要严格遵守安全操作规程及安全管理规程。总之在使用化学试剂之前一定要对所用的化学试剂的性质、危害性及应急措施有所了解。

二、 化学试剂的分级

通常化学试剂可以按其纯度分为四级：一级品（保证试剂或优级纯）、二级品（分析纯）、三级品（化学纯）、四级品（实验试剂），如表3-1所示。

表3-1　　化学试剂等级对照表

试剂等级	标签颜色	国际通用等级符号	纯度	适用范围
一级（优级纯）	绿色	GR	纯度极高，≥99.8%	主要用于精密分析和科研测定工作
二级（分析纯）	红色	AR	纯度较高，≥99.7%，略次于优级纯	主要用于一般分析和科研工作
三级（化学纯）	蓝色	CP	≥99.5%，纯度与分析纯相差较大	主要用于工业和教学中的一般分析及有关制备
四级（实验试剂）	棕黄色	LR	纯度较差，但略优于工业品	适用于教学的一般实验，或作为科研工作的一般辅助试剂

除了以上四个级别外，目前市场上尚有基准试剂（PT）、光谱纯试剂（SP）、高纯试剂等。基准试剂相当于或高于优级纯试剂，专门作为基准物质用，可直接配制标准溶液，其主要成分含量99.95%~100%，杂质总量不超过0.05%。光谱纯试剂表示光谱纯净，但由于有机物在光谱上显示不出来，所以有时候主要成分达不到99.9%以上，使用时必须注意，特别是作为基准物时，必须进行标定。高纯试剂又称超纯试剂，其主要成分含量在99.99%以上，杂质含量比优级纯低，主要用于微量及痕量分析中试样的分解及试剂的制备。

化学试剂的分级（视频）

三、 一般化学试剂的管理

化学试剂的使用管理（视频）

（一）建立健全的化学试剂管理制度

健全的化学试剂管理制度包括申购、审批、采购、验收入库、保管保养、领用、定期盘点、退库及过期试剂的报废处理等方面的管理制度，防止化学试剂外流。

（二）做好化学试剂的采购、储存量控制

化学试剂申购表（文档）

（1）常用的普通化学试剂通常按季度消耗量采购，其中使用量较少的试剂可按年度用量采购，用量特别少的试剂（如指示剂等）则以最小包装单位的数量进行采购。

（2）容易变质的化学试剂尽量少采购、少储存。

（3）采购试剂的级别必须符合实验要求，不允许用低级别的试剂“升级”使用。为了减少采购品种和数量，可以将高级别的化学试剂少量地用于较低档次的实验。

（4）尽可能避免使用高毒性、高危险性的化学试剂，除非标准中有具体的规定，必须使用时也应尽量少采购、少储存。

（三）做好化学试剂的验收入库工作

化学品安全技术说明书（MSDS）的内容及查询方式（视频）

（1）化学试剂验收的依据　采购计划、采购单、送货单等。

（2）验收程序　审核单据，单货核对，质量点验。验收过程中应坚持“以单为主，以单核货，逐项对列，件件过目”的基本原则，避免差错。

（3）验收要求　凡入库的化学试剂必须单、货相符，品种、规格、数量一致，包装完好，标签完整，字迹清楚，无泄漏、水湿现象，液态试剂应无沉淀物并呈现标签所规定的性状的均匀状态，固体试剂应无吸湿、潮解现象；不合要求的化学试剂不得入库，不能退换或移作它用的试剂，应做报废及销账处理。

（4）定位保管　根据试剂的种类和性质，分门别类地放置于指定位置存放保管，基准试剂和标准试样应专柜存放，其余试剂按规定分类存放。

（5）办理入库手续　经过验收的化学试剂应及时办理入库手续，登记入账，以便迅速投入使用，并填写试剂入库验收记录表，见表 3-2。

表 3-2　试剂入库验收记录表

日期	试剂名称	规格	数量	批号	有效期	生产厂家	外包装检查	验收人

（四）做好化学试剂的保管保养工作

（1）定期检查储存中的化学试剂的存放状况。发现试剂超过储存期或变质应及时报告，并按规定妥善处理（降级使用或报废）和销账。

（2）避免环境和其他因素的干扰。所有化学试剂一经取出，即不得放回原储存容器；

属于必须回收的试剂或指定需要退库的试剂，必须另设专用容器回收或储存；具有吸潮性或易氧化、易变质的化学试剂必须密封保存，避免吸湿潮解、氧化或变质。

（3）定期盘点、核对。对库存试剂定期盘记录点，并填写盘点记录表（表3-3）。发现差错应及时检查原因，并报主管领导或部门处理。

表 3-3　　化学试剂盘点记录表

盘点日期	试剂名称	规格	单位	入库总数量	总金额	结存数量	总金额	差异

（五）一般化学试剂的分类存放

（1）无机物　按盐类、氧化物（均按元素周期表分类）、碱类、酸类等类别分别管理和保存。特别是液体试剂和固体试剂应分柜存放。

（2）有机物　按官能团，如烃、醇、酚、酮等分类存放。

（3）指示剂　按酸碱指示剂、氧化还原指示剂、络合滴定指示剂、荧光指示剂和染色剂等分类存放。

试剂的存放规则（视频）

化学试剂种类繁多，要求管理人员必须具备从事化学试剂管理的必要知识，包括常用试剂的性状、用途、一般安全要求、报废试剂的处理及消防知识。

四、危险性化学品的管理

（一）危险化学品的分类及标识

危险化学品是指具有毒害、腐蚀、爆炸、燃烧、助燃等性质，对人体、设施、环境具有危害的剧毒化学品和其他化学品。危险化学品分类主要基于《全球化学品统一分类和标签制度》（GHS 制度），我国对于危险化学品的分类主要依据 GB 30000《化学品分类和标签规范》系列标准，按照危险特性将危险化学品分为理化危险、健康危险、环境危险 3 大类。GHS 制度（第六修订版）已将危险化学品扩充为 29 大项（新增退敏爆炸物），但目前我国危险化学品确认原则依旧只包含 28 大项，其中理化危险 16 项，健康危险 10 项，环境危险 2 项。

根据常用危险化学品的危险特性和类别，它们的标志设主标志 16 种和副标志 11 种，主标志是由表示危险特性的图案、文字说明、底色和危险品类别号四个部分组成的菱形标志。副标志图形中没有危险品类别号。当一种危险化学品具有一种以上的危险性时，应用主标志表示主要危险性类别，并用副标志来表示重要的其他危险性类别。

（二）危险化学品的采购

危险化学品可以分为政府管制类与非政府管制类。政府管制类危险化学品主要包括易燃易爆品、易制毒、易制爆等，其采购必须在地方政府主

易制毒试剂的管控（视频）

管部门进行报备审批，同时供货方需具备相应技术、质量等资质，个人不得私自购买。危险化学品采购流程如图 3-1 所示。

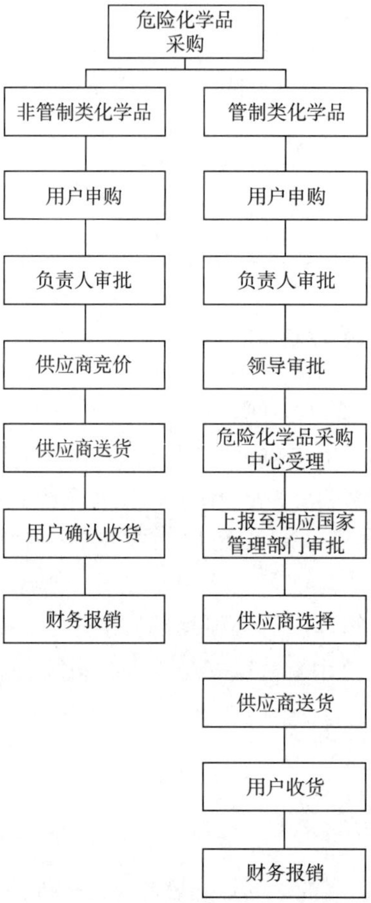

图 3-1 危险化学品采购流程

（三）危险化学品的存放

储存危险化学品的建筑物不得有地下室或其他地下建筑，其耐火等级、层数、占地面积、安全疏散和防火间距，应符合国家有关规定。储存地点及建筑结构的设置，除了应符合国家有关规定，还应考虑对周围环境和居民的影响。储存易燃、易爆危险化学品的建筑，必须安装避雷设备。储存危险化学品的建筑必须安装通风设备，并注意设备的防护措施。储存危险化学品的通风建筑通排风系统应设有导除静电的接地装置。通风管应采用非燃烧材料制作。

（1）易燃易爆化学试剂必须存放于专用的危险性试剂仓库里，并存放在不燃烧材料制作的柜、架上，温度不宜超过 28℃，按规定实行“五双”制度（双人双锁保管、双人收发、双人运输、双账、双人使用）。实验室少量瓶装试剂可设危险品专柜，按性质分格储存，同一格内不得与氧化剂混合储存，并根据储存种类配备相应的灭火设备和自动报警装置。低沸点极易燃烧试剂宜低温下储存（5℃以下，禁用电火花产生的普通家用电冰箱储存）。

（2）遇水易燃试剂一定要存放在干燥、严防漏水及暴雨或潮汛期间保证不进水的仓位。不得与盐酸、硝酸等散发酸雾的物品存放在一起，亦不得与其他危险品混存、混放。

（3）压缩气体和液化气体必须与爆炸物品、氧化剂、易燃物品、自燃物品、腐蚀性物品隔离储存。易燃气体不得与助燃气体、剧毒气体同储，氧气不得与油脂混合储存，盛装液化气体的容器属于压力容器的，必须有压力表、安全阀、紧急切断装置，并定期检查，不得超装。

（4）氧化性试剂则不得与其他性质抵触的试剂共同储存。包装要完好、密封，严禁与酸类混放，应置于阴凉通风处，防止日光暴晒。

（5）腐蚀性试剂的储存容器必须按不同的腐蚀性合理选用，酸类应与氰化物、发泡剂、遇水燃烧物、氧化剂等远离，不宜与碱类混放。

（6）剧毒性试剂应远离明火、热源、氧化剂、酸类及食用品，于通风良好处储存，一般不得与其他种类共同储存，且应按规定贯彻“五双”制度（表3-4）。

表3-4　常见危险化学品的储存

常见试剂	常见品种	特性	储存方法
易燃易爆品	汽油、乙醇、钾、钠、乙醚、乙酸乙酯、硝化甘油、丙酮等	遇明火燃烧；瞬间剧烈反应	①存放处阴凉、通风、室温低于30℃； ②远离热源、氧化剂及氧化性酸类； ③试剂柜铺上干燥黄沙
强氧化性物品	硝酸钾、高氯酸、高锰酸钾、过硫酸铵、氯酸钠	强氧化性，遇酸碱、易燃物、还原剂即反应	①存放处阴凉、通风； ②与易爆、可燃、还原性物隔离
强腐蚀性物品	硫酸、盐酸、硝酸、氢氧化钠、氟化氢、苯酚	强腐蚀性	①存放处阴凉、通风； ②储存容器按不同腐蚀性合理选用； ③存入用耐腐蚀材料制成的试剂柜中； ④酸类应与氰化物、遇水燃烧品、氧化剂等远离
放射性物品	夜光粉、铈钠复盐、发光剂、医用同位素磷-32、铀-238、钴-60、硝酸钍	放射性	①内外容器存放，存入由屏蔽作用材料制成的试剂柜中； ②防护设备、操作器、操作服； ③远离其他危险品，包装不得破损、不得有放射性污染； ④存过放射性物品的地方，应在专业人员的监督指导下，进行彻底的清洁，否则不得存放其他物品

（四）危险化学品的安全使用

为了安全起见，危险化学品使用前要对其性质有一个全面了解：是否易燃易爆，是否具有腐蚀性，是否具有氧化性，是否为剧毒性试剂等。

（1）易燃易爆危险化学品　易燃易爆危险化学品严禁明火作业，加热也不能直接用加热器。实验人员要穿好必要的防护用具，最好戴上防护眼镜。

（2）遇水易燃试剂　使用时避免与水直接接触，也不要与人体接触，避免灼伤。

（3）氧化性化学试剂　使用这类强氧化性化学试剂时，环境温度不要高于30℃，通风要良好，且不要与有机物或还原性物质共同使用（加热）。

（4）腐蚀性化学试剂　碰触到任何腐蚀性化学试剂都必须及时清理，因此在使用前一定要了解接触到这些腐蚀性化学试剂的急救方法。

（5）有毒化学试剂　使用前了解所用有毒化学试剂的急救方法，使用时要避免大量吸入，在使用完毕后，要及时清洗，并更换工作服。

（6）放射性化学试剂　使用这类物质需要特殊防护设备和知识，防止放射性物质的污染与扩散。

（五）剧毒化学品保管、发放、使用、处理制度

为了严格剧毒品的储存、保管和使用，防止意外流失，造成不良后果和危害，应对其进行严格的管理，主要包括以下几个方面。

（1）剧毒品仓库和保存箱必须由两人同时管理。双锁，两人同时到场开锁。凡是领用单位必须是双人领取，双人送还，否则剧毒品仓库保管员有权不予发放。

（2）严格执行化学试剂在库检查制度，对库存试剂必须进行定期检查，发现有变质或有异常现象要进行原因分析，提出改进储存条件和保护措施，并及时通知有关部门处理。

（3）对剧毒品发放本着先入先出的原则，发放时有准确登记（试剂的计量、发放时间和经手人）。领用剧毒品试剂时必须提前申请上报，做到用多少领多少，并一次配制成使用试剂。

（4）剧毒品保管人员必须熟悉剧毒品的有关物理化学性质，以便做好仓库温度控制与通风调节。使用剧毒试剂时，一定要严格遵守分析操作规程。使用剧毒试剂的人员必须穿好防护服，戴好防护眼镜、手套等劳动保护用具。

（5）使用后产生的废液不准随便倒入水池内，应倒入指定的废液桶或瓶内。产生的废液要在指定的安全地方用化学方法中和处理。废液必须当天处理，不得存放。同时要建立废液处理记录，记录内容包括废液量、处理方法、处理时间、地点、处理人等。

五、危险废物的管理

根据《中华人民共和国固定废物污染环境防治法》的规定，危险废物是指列入国家危险废物名录或者根据国家规定的危险废物鉴别标准和鉴别方法认定的具有危险特性的固体废物。

危险化学废液处理原则（视频）

根据《国家危险废物名录》的定义，危险废物为具有以下情况之一的固体废物（包括液态废物）：①具有毒性、腐蚀性、易燃性、反应性或者感染性一种或者几种危险特性的；②不排除具有危险特性，可能对生态

环境或者人体健康造成有害影响，需要按照危险废物进行管理的。

因此，要全面实行排污许可制，健全现代环境治理体系，严密防控环境风险。因此，对于危险废物的管理应严格按照规定的流程进行。

（一）危险废物申报

危险废物产生单位应按规定申报危险废物产生、储存、转移、利用、处置等信息，制订《危险废物年度管理计划》，并主动向属地生态环境部门报告，在“××省危险废物动态管理信息系统”中备案。《危险废物年度管理计划》应包括：危险废物产生环节；危险废物预测产生量；危险废物的危害性表述（减少产生量的措施、要提出减少危害性的措施）；危险废物贮存、利用、处置措施。

危险废物申报（视频）

（二）危险废物处置流程

（1）危险废物处置按照 HJ 1259-2022《危险废物管理计划和管理台账制定技术导则》规定。转移危险废物的，应当通过国家危险废物信息管理系统（简称信息系统）填写、运行危险废物电子转移联单，并依照国家有关规定公开危险废物转移相关污染环境防治信息。跨省转移危险废物的，应当向危险废物移出地省级生态环境主管部门提出申请。移出地省级生态环境主管部门应当经接受地省级生态环境主管部门同意后，批准转移该危险废物。未经批准的，不得转移。

（2）危险废物电子转移联单数据应当在信息系统中至少保存十年。

（3）危险废物托运人应当按照国家危险货物相关标准确定危险废物对应危险货物的类别、项别、编号等，并委托具备相应危险货物运输资质的单位承运危险废物，依法签订运输合同。

（4）接受人应当对运抵的危险废物进行核实验收，并在接受之日起 5 个工作日内通过信息系统确认接受。

（三）危险废物日常管理

（1）自建的危险废物储存设施及危险废物利用、处置设施需依法进行环境影响评估，并依照环境影响评估完成“三同时”验收（要求环境影响评估及批复、验收及批文等资料齐全，保存完整）。此外，要确保危险废物储存设施的规划建设手续、安评手续、消防手续齐全。

危险废物标识（图片）

（2）收集、储存、运输、利用、处置危险废物的设施、场所及危险废物的容器和包装物必须设危险废物识别标志。

（3）不能将危险废物混入非危险废物中贮存。按照危险废物特性分类进行收集，不能混合贮存性质不相容而未经安全性处置的危险废物，装载危险废物的容器需完好无损。

危险废物贮存设施标志（图片）

（4）危险废物贮存设施、场所必须符合 GB 18597—2023《危险废物贮存污染控制标准》等有关规定。贮存场所现场应完善防风、防雨、防晒、防雷、防扬散、防流失、防渗漏、泄漏液体收集、废气收集导出及净化处理等设施并配备出入库记录表。

（5）按照有关要求定期对利用处置设施污染物排放进行环境监测，并符合排放标准。

（6）制订意外事故的防范措施和应急预案，并向所在地县级以上地方人民政府环境保护行政主管部门备案，并留有备案证明。每年至少开展一次应急预案演练，每三年更新应急预案并重新备案，且应当对本单位工作人员进行培训。

（7）无论是危险废物产生单位，还是经营单位，都应在关键部位设置视频监控。

项目实施

化学试剂的识别和分类

一、目标

通过化学试剂的识别和分类存放训练，可以掌握化学试剂的基本知识和技能，确保实验所用的化学试剂符合要求；以小组完成和优化任务，培养团队合作意识以及分析问题和解决问题的能力。

二、分析

化学试剂分级，一般化学试剂的分类存放，建立健全的化学试剂管理制度，是保证实验结果准确性和安全性的重要环节。

三、实施

1. 方案设计

（1）学生完成分组，各小组完成资料收集及整理工作。

（2）结合实验室试剂的分类管理内容，学生进行化学试剂分级，一般化学试剂的分类存放要求，建立单位实验室化学试剂管理制度。

（3）分组讨论，教师参与并点评。

2. 具体步骤

（1）课前布置任务单，学生网上查阅相关资料。

（2）教师提供纯度分为四级的包装：一级品（保证试剂或优级纯）、二级品（分析纯）、三级品（化学纯）、四级品（实验试剂），学生对照“实验室试剂的分类管理”相关内容，做化学试剂分级，并明确各自用途和特点。

（3）一般化学试剂的分类存放，明确指出分类标准及要求。

（4）要求建立有针对性的化学试剂管理制度。

（5）小组整理汇报。

（6）通过小组内互评、组间互评及教师评价三方面对任务结果综合打分。

四、 评价

（1）以小组为单位完成任务，明确小组成员分工。
（2）根据小组成员参与程度及完成度进行组内互评。
（3）小组间根据每组完成任务质量进行投票排序。
（4）教师根据组间互评及任务完成情况综合评价，具体见表 3–5。

表 3–5　　综合评价表

<table>
<tr><td rowspan="6">组内互评
（30%）</td><td>姓名</td><td colspan="2">得分</td></tr>
<tr><td></td><td colspan="2"></td></tr>
<tr><td></td><td colspan="2"></td></tr>
<tr><td></td><td colspan="2"></td></tr>
<tr><td></td><td colspan="2"></td></tr>
<tr><td>平均分</td><td colspan="2"></td></tr>
<tr><td>组间互评
（20%）</td><td colspan="3"></td></tr>
<tr><td rowspan="4">教师评价
（50%）</td><td>评价指标</td><td>分值</td><td>备注</td></tr>
<tr><td>化学试剂分级</td><td>15</td><td>正确分级</td></tr>
<tr><td>一般化学试剂的分类存放</td><td>15</td><td>明确分类存放的具体要求</td></tr>
<tr><td>化学试剂管理制度</td><td>20</td><td>对比现有化学试剂管理制度，提出改进和提升的方案</td></tr>
<tr><td>实训成绩
（满分 100 分）</td><td colspan="3"></td></tr>
</table>

项目二

标准物质管理

标准物质（reference material，RM）是一种已经确定了具有一个或多个足够均匀的特性值的物质或材料，作为分析测量行业中的“量具”，在校准测量仪器和装置、评价测量分析方法、测量物质或材料特性值和考核分析人员的操作技术水平，以及在生产过程中产品的质量控制等领域起着不可或缺的作用。

标准物质
（视频）

一、 标准物质特性

准确性、均匀性和稳定性构成了标准物质的三大基本要素。

1. 准确性

通常标准物质证书中会同时给出标准物质的标准值和计量的不确定度，不确定度的来源包括称量、仪器、均匀性、稳定性、不同实验室之间以及不同方法所产生的不确定度。

2. 均匀性

均匀性是物质的某些特性具有相同组分或相同结构的状态。计量方法的精密度即标准偏差可以用来衡量标准物质的均匀性，精密度受取样量的影响，标准物质的均匀性是对给定的取样量而言的，均匀性检验的最小取样量一般都会在标准物质证书中给出。

3. 稳定性

稳定性是指标准物质在指定的环境条件和时间内，其特性值保持在规定的范围内的能力。

二、 标准物质的管理

标准物质的管理方法与一般化学试剂基本相同，但相较于一般化学试剂更为严格。

（一）标准物质的购买

由检测人员提出标准物质采购需求，标准物质管理员编制申购计划，交实验室负责人审批、领导批准后购置。申购计划应包括名称、规格、数量、定值范围、成分、用途等。

标准物质管理员负责标准物质采购。标准物质有其稳定的一面，要想保证标准物质的稳定性，最好有固定的供应商，一般情况下不要随意更换供应商。供应商的选择一般有以下几点注意事项。

（1）用于设备校准类的标准物质　一般选择设备的生产商提供的标准物质，如购买的 pH 计为某公司生产的，那么标准溶液最好就要选择该生产商提供的 pH 缓冲溶液，这样可以减少因为标准溶液使用不当而造成设备的损伤，能有效提高设备的使用寿命。

（2）有证标准物质的选择要保证供应商的资质　对于提供标准物质的供应商，一般对其生产资质是有要求的，对于这类供应商提供的产品可以放心使用。一般这种资质可以从网上查询到，也可以在对供应商评价时索要，只有具备生产资质的才能选择。

标准物质量值溯源图（图片）

（3）对于有溯源要求的标准物质　可以委托供应商到当地的检定机构对购买的标准物质进行检定或校准，这样能保证我们使用的标准物质可溯源。

标准物质量值传递系统（图片）

（二）标准物质验收入库

标准物质验收时应检查：外观、保质期及证书，标准物质名称、编号、技术特性（均匀性、稳定性、标准值及不确定度等）是否符合使用要求，建立标准物质台账，内容主要包括：序号、标准物质名称及编号、型号规格、标准值及不确定度、数量、研制单位、有效期、验收情况及日期。验收合格方可登记入库，对不合格的标准物质，采取退货或索赔措施，严禁不合格标准物质入库。

标准物质证书（图片）

（三）标准物质领用

使用标准物质应办理领用手续，并做好登记（表3-6）。

表3-6　　标准物质存放/领用一览表

标准物质名称	编号	浓度	生产厂家	定值日期	有效期	存放数量	领用日期	领用数量	领用人	经办人	剩余数量	进货日期

（四）标准物质储存

（1）标准物质应按照证书中规定的保存条件、保存期限存放。定期对储存标准物质的冰箱进行监控记录。通常用安瓿瓶装的液体物质可存放在泡沫盒内，固体物质存放在干燥器内密闭保存，钢瓶装的标准气体应该用金属链固定。当标准物质证书上有存放要求（如避光、低温等）时，应按指定的要求保存。用于质控的标准样品，其证书由管理员统一保管。

标准物质储存（视频）

（2）对于自配的各类储备液，应按存放条件要求相对集中存放，专人管理。

（五）标准物质使用

（1）标准物质统一由相关部门负责人领取，一经领用后，由部门负责人负责妥善保存及正确使用。

（2）在使用标准物质前，要详细了解该标准物质的性质、化学组成、量值特点、稀释方法、最小取样量、介质和标准值的测定条件，保证测定结果的准确、可靠，避免误用。

（3）用于考核的标准样品，被考核人员要在规定期限内，将标样考核结果上报质控室，由质控室负责对考核结果进行评价。

（六）标准物质的核查

标准物质应溯源到国际单位制（SI）测量单位或有证标准物质（参考物质）。只要技术和经济条件允许，应对参考标准、基准、传递标准或工作标准以及标准物质（参考物质）进行期间核查，以保持其校准状态的置信度。

一般由质控室负责制订标准物质核查计划，并对在有效期内的标准物质实施核查。标准物质期间核查流程如下。

1. 确定期间核查的标准物质

根据实验室使用标准物质的具体情况和影响因素来确定期间核查的标准物质。标准物质在使用过程中稳定性和确定性的影响因素很多，它受化学、物理、生物等因素的影响。

（1）溶液标准物质　打开标准物质安瓿瓶将标准物移入储备瓶后，就受储备瓶、储备条件、标准物质本身的浓度、生物因素等的影响。储备瓶不洁净，标准物质会被污染变性。瓶塞不密封，溶剂挥发，标准物质浓度就会改变。有机标准物质储存时间长，有时会受霉菌污染，从而影响标准物质的稳定性和准确性。反复使用时操作不严谨，吸管会带入污染物，也会影响标准物质的稳定性和准确性。

（2）固体标准物质　稳定性能好，使用时间长。保存条件和操作者的严谨性对保持标准物质稳定性和准确性起着重要的作用。保存环境的湿度大，保存不当和操作者使用后不及时盖好瓶盖，标准物质表面会吸潮、风化而变性。如操作者使用的小药勺不清洁会带进污染物，进而影响标准物质的稳定性和准确性。

2. 标准物质期间核查时间间隔的确定

标准物质期间核查时间间隔的确定，可根据实验室对标准物质的使用频次和实验室储存标准物质的条件来决定。有良好的实验环境和储存条件，又有一整套规范的标准物质的管理程序和专人、专柜保存，期间核查测量间隔可适当延长。实验室首次使用的溶液标准物质，期间核查时间间隔可以按先密后疏的原则安排，找出此标准物质期间核查的间隔点，来确定核查间隔。固体标准物质的稳定性非常好，有效期长，只要按要求保存，一般期间核查时间间隔定在半年一次。但固体标准物质中有一些不稳定的成分，可根据情况缩短核查间隔时间。

3. 标准物质期间核查的记录

根据实验室原始记录的规范格式，编制出标准物质期间核查相应的记录表格。其内容包括：期间核查标准物质的名称、编号、购买时间、有效期、核查方法依据、使用标准溶液相关信息、标准物质的储存条件、核查数据、统计公式、结果评价。

4. 标准物质期间核查的报告

根据标准物质期间核查原始记录的结果评价，给出规范的标准物质期间核查报告。如报告结果为标准物质期间核查测定结果与标准证书的标准值没有显著差异，实验室保持了该标准物质量值的稳定性和准确性，该标准物质可以继续使用。如报告结果为该标准物质稳定性、准确性已达到控制的临界水平，应立即采取预防措施，确保该标准物质的稳定性和准确性。如报告结果为标准物质的期间核查测定结果与标准证书的标准值有显著差异，实验室该标准物质的稳定性和准确性已超出了控制临界水平，就必须停止使用该标准物质，并做好记录。

标准物质期间核查记录表（图片）

（七）标准物质的过期处置

确认已变质的和超过有效期的标准物质，要定期进行报废处置、分区存放，及时从正在使用的标准物质目录中注销。做报废处置的标准物质不得污染环境，应采取相应的安全处置方式进行销毁。处置时应有 2 人以上人员参加，并做好处置记录，见表 3–7。

表 3–7　　过期标准物质处置登记表

序号	标准物质名称	标准物质实验室编号	标准物质编号、浓度和包装规格	失效日期	处置日期	处置方式	处置人	备注

项目实施

标准物质的标签制作

一、目标

通过教材及网上搜索相关资料，根据单位现状，自拟实验室标准物质管理方案；以小组完成和优化任务，培养团队合作意识以及分析问题和解决问题的能力。

二、分析

提供具体标准物质及标签，填写标签内容，对照标准物质管理要求，讨论标签内容合理性，并对标签修改。

三、实施

1. 方案设计

（1）学生完成分组，各小组完成资料收集及整理工作。

（2）结合标准物质管理内容，学生根据任务单提供的素材，完成标签填写。

（3）结合标准物质管理要求，分组讨论，教师参与并点评。

2. 具体步骤

（1）课前布置任务单，学生网上查阅相关资料。

（2）单位校正 pH 计所用标准缓冲液，现配制为邻苯二甲酸氢钾（$C_8H_5O_4K$）pH 4. 003；0. 05mol/L。空白标签如下。

标准物质标签

名　　称：________________

浓　　度：________　介　质：________

定值日期：________年______月______日

生产批号：________________

有 效 期：________年______月______日

状　　态：________________

学生对照“标准物质的管理”相关内容，分别做标签内容填写，结合标准物质管理要求，分组讨论。

（3）小组整理汇报。

（4）通过小组内互评、组间互评及教师评价三方面对任务结果综合打分。

四、 评价

（1）以小组为单位完成任务，明确小组成员分工。

（2）根据小组成员参与程度及完成度进行组内互评。

（3）小组间根据每组完成任务质量进行投票排序。

（4）教师根据组间互评及任务完成情况综合评价，具体见表 3-8。

表 3-8　　综合评价表

<table>
<tr><td rowspan="6">组内互评
（30%）</td><td>姓名</td><td colspan="2">得分</td></tr>
<tr><td></td><td colspan="2"></td></tr>
<tr><td></td><td colspan="2"></td></tr>
<tr><td></td><td colspan="2"></td></tr>
<tr><td></td><td colspan="2"></td></tr>
<tr><td>平均分</td><td colspan="2"></td></tr>
<tr><td>组间互评
（20%）</td><td colspan="3"></td></tr>
<tr><td rowspan="3">教师评价
（50%）</td><td>评价指标</td><td>分值</td><td>备注</td></tr>
<tr><td>标签</td><td>15</td><td>填写正确、完整</td></tr>
<tr><td>标准物质管理方案</td><td>35</td><td>讨论充分，方案合理、全面</td></tr>
<tr><td>实训成绩
（满分 100 分）</td><td colspan="3"></td></tr>
</table>

项目三 样品的管理

样品的管理主要是对样品的运输、交接、处置、保护、存储、保留和清理等各个环节实施有效的控制，保证样品的完整性、可识别性及其妥善处理。

（一）样品收集

（1）根据采样规范的要求，妥善保存和安全运输采集样品，运输过程中应防止样品的沾污、变质和损坏。

（2）现场采样人员及时将样品交样品管理人员，样品管理员在接收样品时，应仔细检查样品的数量、特征、状态是否有异常情况，并在样品交接记录表（表3-9）上双方签字确认。

表3-9　样品交接记录表

<table>
<tr><td colspan="2">任务（检测项目）名称</td><td colspan="4"></td></tr>
<tr><td>送样单位/部门</td><td></td><td>送样人</td><td></td><td>送样日期</td><td></td></tr>
<tr><td colspan="2">样品的数量、性质、状态描述等</td><td colspan="4"></td></tr>
<tr><td>接收部门</td><td></td><td>接收人</td><td></td><td>接收日期</td><td></td></tr>
<tr><td colspan="2">备注</td><td colspan="4"></td></tr>
</table>

（3）客户委托的样品，由业务员负责客户委托样品的接洽，送样人将样品交样品管理人员。同样，在样品交接时，样品管理员应检查样品状况，填写交接记录表，注明样品的数量、性质和状态，异常情况及剩余样品的返还（客户有要求时），在样品交接记录表上双方签字确认，保护样品的完整性，如有疑问，监测前弄清楚；当发现样品与检测方法要求有任何偏离时应及时告知客户，并征询其意见。如果发现该偏离可能影响检测结果，应通知客户。注意保护客户机密信息和利益。

（二）样品编号

样品管理员接收样品后，及时对接收样品进行实验室编号，实验室样品编号按采集的日期、检测项目、采样点位等排列。

（三）样品流程单填写

样品管理员对样品编号完成后及时填写并公布样品流程单（表3-10），并说明是否需留样，样品需返还时应加以备注，通知相关分析人员，分析人员分析完样品后，在样品流程单签字。

表3-10 样品流程单

<table>
<tr><td rowspan="3">业务室</td><td>样品名称</td><td></td><td>样品编号</td><td></td><td>规格、型号</td><td></td></tr>
<tr><td>接样日期</td><td></td><td>样品数量</td><td></td><td>送样人</td><td></td></tr>
<tr><td>接样人</td><td></td><td>产品标准</td><td></td><td>检验类别</td><td>□委托检验
□监督检验</td></tr>
<tr><td rowspan="5">检验室</td><td>检验项目</td><td>移交日期</td><td>移交人</td><td>接样人
（检验人）</td><td>检验日期</td><td>备注</td></tr>
<tr><td>□****项目</td><td></td><td></td><td></td><td></td><td></td></tr>
<tr><td>□****项目</td><td></td><td></td><td></td><td></td><td></td></tr>
<tr><td>□****项目</td><td></td><td></td><td></td><td></td><td></td></tr>
<tr><td>□****项目</td><td></td><td></td><td></td><td></td><td></td></tr>
<tr><td colspan="2">检验报告日期</td><td colspan="2"></td><td colspan="2">确认人</td><td></td></tr>
</table>

（四）样品检测

分析人员应及时在样品流程单将分析完的项目加符号“√”标识，等样品完成全部分析项目，分析人员上报数据后，由样品管理员在备注中填写“检测完成”并签字，所有项目检测完成后将样品放入检测完成区暂存，等待处理。

（五）样品保存

1. 样品保存要求

（1）水样要尽快分析测定，保存期一般不超过两个月。

（2）土壤样品尽快晾干、磨碎、过筛，放入样品盒蜡封保存。

（3）生物样品采集后，及时处理，注意保鲜、防止变质。

（4）当样品储存有特定环境条件要求时，应予以监控和记录，以便满足需要。

（5）采集的样品要分类保存，防止交叉污染；对含高放射性“三废”或怀疑受到放射性污染的样品进行标识，要采取隔离措施，防止交叉污染。

（6）留存的样品要按样品保存的环境要求妥善保管，要防潮、防火、防盗，通风，食品样品需注意防鼠、防虫害。

（7）样品留存时，样品的外包装上贴上标签，内容包括：样品名称（采样地点）、编号、保存期限，并填写样品入库登记表（表 3-11）。

表 3-11　　样品入库登记表

序号	样品名称	样品编号	取样日期	取样人	是否留样	留样日期	处理日期	处理人	备注
					是□　否□				
					是□　否□				
					是□　否□				

2. 样品留存范围

（1）大规模的背景值调查，大型课题的样品，包括土壤样、生物灰样、水样在课题结束后留存入库，一般保存谱仪样品。

（2）对监督性监测、仲裁性监测样品以及客户要求、项目要求、质量控制要求留存的样品，分析后由样品管理员统一收集，在保存有效期内保存。

（3）常规监测需要保留的样品，一般保存固体样。

（4）技术主管、质量主管认为需要保存的其他样品。

（5）谱仪测量的样品一般都要留存。

3. 样品留存时间

（1）所有样品保留要保证其复测的有效性。

（2）大规模的背景值调查、大型课题的样品、存放期限为两年或按要求保留的样品、核电样品等需长期保存。

（3）对监督性监测、仲裁性监测样品以及客户要求留存的样品存放期限为两个月。

（4）常规监测的样品，存放期限为两年。

（六）废弃样品处理

凡送检的样品，按照与客户达成的样品检毕后的处置或归还的协议进行处理；对于监督性监测、仲裁性监测样品以及客户要求留样的样品，测毕后由样品管理人员统一收集，在保存有效期内，按样品的保存要求妥善保存，逾期则予以处置；在监测报告发出 15 日后，不需入库的样品和保存期已过的样品由样品管理人员按环保要求处理，并及时填写废弃样品处理登记表（表 3-12）。

表 3-12　　废弃样品处理登记表

样品名称	样品编号	处理方式	处理日期	检验人	监督人

（七）归档

样品管理的所有记录由样品管理员全部保管归档。

项目实施

样品流程单的制作

一、目标

通过教材及网上搜索相关资料，根据单位现状，自拟实验室样品管理方案；以小组完成和优化任务，培养团队合作意识以及分析问题和解决问题的能力。

二、分析

自拟样品流程单，拟定实验室样品管理制度，并依据此展开讨论。

三、实施

1. 方案设计

（1）学生完成分组，各小组完成资料收集及整理工作。

（2）结合样品的管理内容，学生根据单位现状，自拟样品的管理制度。

（3）分组讨论，教师参与并点评。

2. 具体步骤

（1）课前布置任务单，学生网上查阅相关资料。

（2）学生对照“样品的管理”相关内容，分别制作样品流程单，拟定实验室样品管理制度。

（3）小组整理汇报。

（4）通过小组内互评、组间互评及教师评价三方面对任务结果综合打分。

四、评价

（1）以小组为单位完成任务，明确小组成员分工。

（2）根据小组成员参与程度及完成度进行组内互评。

（3）小组间根据每组完成任务质量进行投票排序。

（4）教师根据组间互评及任务完成情况综合评价，具体见表3-13。

表 3-13　　综合评价表

<table>
<tr><td rowspan="6">组内互评
（30%）</td><td>姓名</td><td colspan="2">得分</td></tr>
<tr><td></td><td colspan="2"></td></tr>
<tr><td></td><td colspan="2"></td></tr>
<tr><td></td><td colspan="2"></td></tr>
<tr><td></td><td colspan="2"></td></tr>
<tr><td>平均分</td><td colspan="2"></td></tr>
<tr><td>组间互评
（20%）</td><td colspan="3"></td></tr>
<tr><td rowspan="4">教师评价
（50%）</td><td>评价指标</td><td>分值</td><td>备注</td></tr>
<tr><td>样品流程单</td><td>15</td><td>内容完整，填写正确</td></tr>
<tr><td>现有制度分析</td><td>15</td><td>对比现有样品管理制度，剔除出改进和提升的措施</td></tr>
<tr><td>实验室样品管理制度</td><td>20</td><td>制度合理、全面</td></tr>
<tr><td>实训成绩
（满分 100 分）</td><td colspan="3"></td></tr>
</table>

思考题

1. 一般化学试剂的管理包括哪些方面？
2. 如何做好标准物质的管理工作？
3. 危险性化学试剂管理的工作内容有哪些？

模块三　在线测试

模块四

实验室设备管理

学习目标

知识目标

1. 了解实验室设备采购招标工作的内容和流程。
2. 熟悉实验室设备维护及使用管理内容。
3. 掌握自动化设备管理的模式。

能力目标

1. 能够参与实验室设备招标准备工作。
2. 能够独立完成设备日常事务管理工作内容。
3. 能运用管理软件实现自动化设备的管理。

素质目标

1. 养成诚信、公平、公正的职业道德，严谨、细致、耐心的工作态度。

2. 培养良好的沟通能力、分析能力和团队协作能力，能够应对实验室设备管理过程中出现的各种突发事件。

案例导入

某单位实验室管理者小贾由于不熟悉实验室仪器设备的停用和启用规定，使用超过校准有效期的仪器设备对样本进行检测，用户对数据报告提出质疑，使单位声誉蒙受损失。请问如何进行实验室设备的停用和启用？

项目一

实验室设备管理流程

仪器设备是实验室开展检测工作所必需的重要资源，也是保证检测工作质量、获取可靠测量数据的基础。因此，仪器设备的管理在实验室管理中是一个重要环节。

所谓实验室设备管理，即利用科学有效的管理理念、方法、措施、程序，做好实验室设备的计划、选型、采购到日常使用和维护工作。实验室设备管理一般要经历五个主要阶段，即计划选购阶段、开箱验收阶段、安装调试阶段、管理阶段及维护阶段。实验室设备管理的任务，就是通过科学化的管理控制，注重每一个阶段的管理与控制，其主要目的是使仪器设备在整个使用寿命周期内处于受控状态，以保证仪器设备配备合理，量值准确可靠，为取得科学、准确、可靠的检测数据提供保障，如图 4-1 所示。

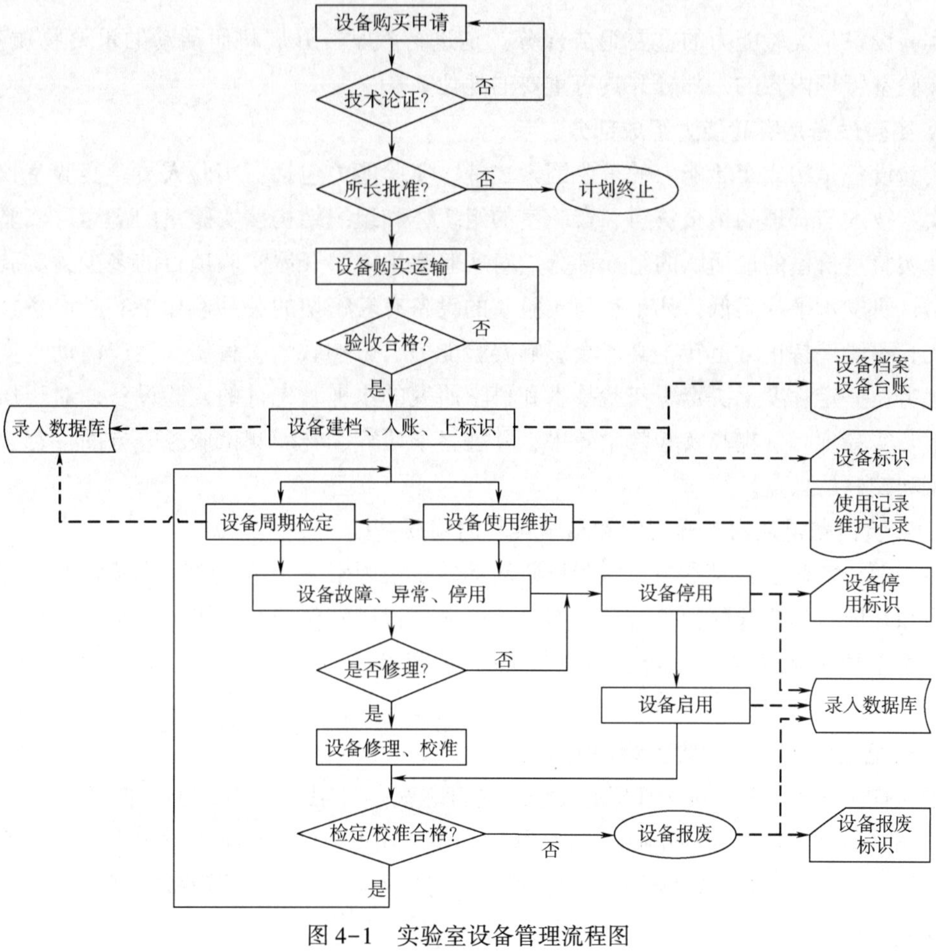

图 4-1　实验室设备管理流程图

一、 实验设备的含义

实验设备是高等学校教学、科研、生产和生活上所需要的各种器械用品的总称，包括教学实习的生产工艺设备、实验教学的仪器设备、科学实验的仪器设备、电子计算机及终端设备、复印设备、劳动保护设备及空调设备等。

从实物形态来看，实验设备有机床、仪器、设备、装置、炉窑和车辆等。从使用单位来看，这些器械用品的名称不统一，可称为仪器、设备、仪器设备、科学仪器设备、实验装备、技术装备、IT 设备、现代工业设备等。中国设备管理协会把上述统称为设备，多数高等学校和科研单位称之为仪器设备。

仪器设备（图片）

通常人们习惯将测试用的仪器设备称作仪器，而将制作和生产性质的仪器设备称为设备。但是，往往仪器和设备是分不开的。因为现在的仪器设备是科学技术的综合体，既有制作、生产功能，又有测试功能，同时随着科学技术的发展，测试、制作、生产往往是分不开的，所以，人们就将仪器和设备统称为仪器设备。

二、 设备在实验室中的地位

实验设备是实验能力的重要组成部分，是进行教学、开展科研活动的重要物质基础，它是实验室管理内容的一部分并具有重要的地位。

1. 实验设备是实验能力组成部分

实验设备是构成实验能力的重要因素之一。实验能力包括：实验人员、实验室仪器设备、实验技术与管理的情报资料、实验室的组织体和组织结构、实验室的潜力。实验设备是创造实验室价值的最活跃的组成部分。对实验室来说，开展实验项目的多少，实验质量的优劣，研发水平的高低，几乎都与实验室的设备有着密切的关系。如果实验设备技术状态不良，不能保持正常运转，必然会影响实验能力，影响教学、科研、生产活动。实验设备的优劣在一定程度上决定了实验技术和科学研究的水平。先进的实验设备，对于培养人才、增开实验项目、提高实验教学效果、开展科学研究、开展测试服务等方面，都会有较好效果和较好的效益。

2. 实验设备是从事教学实验和科学实验的物质基础

高等学校实验设备是参与教学和科研活动的积极因素，是培养学生实验技能、开发学生智力和开展科学实验的物质基础，实验手段或者说科学仪器和技术装备水平，是科学技术发展的重要标志之一。另外，仪器设备也是高等院校、科研单位与社会沟通的重要手段。

3. 仪器设备管理是实验室管理的重要分支

国外有些学者认为，科学管理的要求，简言之就是对四个“M”的管理，即人（man）、设备（machine）、材料（material）、财（money）。另外实验室系统主要由人、财、仪器设备、时间、信息、机构、法规等要素组成。从上述观点也说明仪器设备管理是实验室管理的重要分支。

三、 实验设备管理的任务

实验设备管理的任务就是保证为实验室的活动提供最优状态的仪器设备，使实验室的教学、科研、生产和科技服务等活动建立在最佳的物质技术基础上。具体来说，实验设备管理的任务应该包括以下几个方面。

（1）制订实验室的实验设备规划。根据业主单位规划，为满足教学、科研、生产各项任务的要求，为提供技术上先进，经济上合理的仪器设备，在有关部门紧密配合下，进行调查研究、综合平衡，对实验室设备的增添、自制、更新、改装、修理等提出综合性规划，并要掌握国内外实验设备的现状和发展动向（包括实验设备的规格、性能、效率、价格），正确合理地选择设备。

（2）推行先进的实验设备管理与维修制度，保证实验设备始终处于最佳的技术状态。用最少的资金、人力、设备、材料和最优的方法，使实验设备达到最佳水平。提高实验设备的维修技术，及时解决备品配件的供应，搞好实验设备管理与维修人员的技术培训工作。

项目实施

微生物实验室设备管理规章制订

一、 目标

通过对微生物实验室设备和用户需求特点进行分析，了解、掌握实验室设备管理的意义；通过小组完成和优化任务，培养团队合作意识以及分析问题和解决问题的能力。

二、 分析

分析微生物实验室设备的特点和相关用户特点，收集相关实验室管理规章，确立微生物实验室设备主要的管理措施和程序，完成微生物实验室设备管理规章的制订。

三、 实施

（1）学生进行分组对微生物实验室设备和用户需求特点进行分析。

（2）根据微生物实验室设备管理特点，制订微生物实验室设备管理规章。

（3）小组整理汇报。

（4）通过小组内互评、组间互评及教师评价三方面对任务结果综合打分。

四、 评价

（1）以小组为单位完成任务，明确小组成员分工。

（2）根据小组成员参与程度及完成度进行组内互评。

（3）小组间根据每组完成任务质量进行投票排序。

（4）教师根据组间互评及任务完成情况综合评价，具体见表 4-1。

表 4-1　　综合评价表

<table>
<tr><td rowspan="6">组内互评
（30%）</td><td>姓名</td><td colspan="2">得分</td></tr>
<tr><td></td><td colspan="2"></td></tr>
<tr><td></td><td colspan="2"></td></tr>
<tr><td></td><td colspan="2"></td></tr>
<tr><td></td><td colspan="2"></td></tr>
<tr><td>平均分</td><td colspan="2"></td></tr>
<tr><td>组间互评
（20%）</td><td colspan="3"></td></tr>
<tr><td rowspan="4">教师评价
（50%）</td><td>评价指标</td><td>分值</td><td>备注</td></tr>
<tr><td>实验室设备和用户需求分析</td><td>10</td><td>准确、完整</td></tr>
<tr><td>设备管理规章制订</td><td>20</td><td>合理、准确、全面</td></tr>
<tr><td>小组汇报</td><td>20</td><td>分工明确、清晰准确</td></tr>
<tr><td>实训成绩
（满分 100 分）</td><td colspan="3"></td></tr>
</table>

项目二

采购管理

一、设备采购管理的工作内容

采购管理包括实验设备的配置、选型和论证，采购计划的制订和审批，计划的实施，从采购到安装、调试、验收等。实验室设备采购流程如图 4-2 所示。

（一）仪器设备的配置

采购管理
（视频）

（1）仪器设备的配置是指实验室根据已有或拟开展的检测项目和参数，以及检测业务发展、科研、检测新技术和新方法研究、安全等方面的需要，对仪器设备的类型、准确度/不确定度、量程、数量、安装环境等进行合理配置。

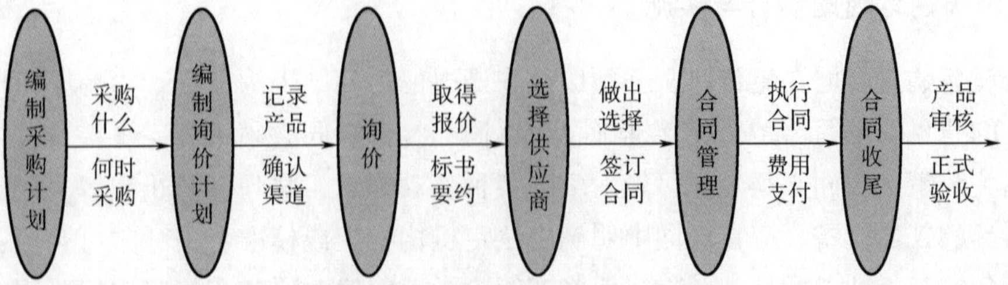

图 4-2　实验室设备采购流程图

实验室对仪器设备的配置首先建立在已有或拟开展的检测项目和参数的需要上，对扩展检测项目和参数的设备配置计划一般还应考虑到所扩展的检测项目和参数的资金投入、市场前景；在仪器设备的选型上，还需要考虑到分区布置和该检测项目所要求的环境条件；对有三废排放的仪器设备，还应考虑到环境保护问题。

（2）现场检测设备的配置应满足所开展检测项目和参数的要求，设备的型号规格、技术指标应满足技术标准要求，设备台套数量的配置满足工期的要求，设备安装应符合技术标准或设备使用说明书的要求。

（二）选型和论证

仪器设备选型应考虑的问题一般包括：仪器设备的技术性能（测量范围、准确度/不确定度）要能稳定地满足检测工作的需要；仪器设备的工作效率能满足检测工作量的需求；仪器设备的可靠性、适应性、标准化程度、仪器设备的相互关联性和成套性；对操作技术的要求；仪器设备投资的技术经济效益；制造厂的产品质量、交货期、价格；劳动保护、技术安全与环保的要求；仪器设备制造厂家的信用和售后服务等。在采购计量仪器和量具时，相关厂商必须提供“制造计量器具许可证”。

充分做好购置前的市场调研工作，广泛收集有关设备产品资料，了解产品的性能和技术参数，与同类产品的优势与不足、产品前景与参考报价、设备配套等情况，做好产品的质量论证，坚持技术的先进性、经济上的合理性、教学科研上的实用性；正确处理先进与实用的关系，在选型时不盲目追求新式高档、自动、数显等多功能、高性能的设备，而是根据部门的财力与实际需要，选择既满足使用又适应科研要求的设备。

做好采购清单，重点是对要采购的设备名称、型号、规格、技术要求、数量等，充分做好前期的采购调研论证工作，要充分走市场、入厂家了解情况，对采购方案可行性进行充分论证。要落实好设备安装使用地点、领用人及其配套设施的调研论证。避免因设备找不到合适的安装地点，只能暂放在备用库房等，甚至有的大型设备配套设施不全，严重影响了设备的正常验收和使用。

设备在采购管理过程中要健全管理体制，规范运作流程，采购前充分做好前期的调研论证，集思广益、共同决策、减少失误，保证仪器设备从计划、论证到采购和验收入库按规范流程运作，尤其是在前期的调研论证过程中必须站在全局的角度，综合考虑、统筹安排。

（三）采购计划的制订与实施

仪器设备购置合同在签订时，必须以往来函电的洽商结果为依据；内容必须明确表达供需双方的意见，书写清楚、文字准确、无漏洞；签订合同必须手续完备，符合国家法律法规和相关政策；合同必须考虑可能发生的各种变动因素，并列入防止和解决的方法；凡属计量器具的仪器设备，应在合同中明确由法定机构检定或校准合格，方可验收；合同中对仪器设备的交货期、配件、辅件、保修期等应予以明确，同时有相应的售后服务以及合同争议解决方式等条款。

仪器设备购置合同及协议书（包括附件和补充材料）、订货过程中的往返的函电和凭证，都应妥善管理，以便仪器设备购置过程中查询，并作为解决供需双方可能发生矛盾的依据。为便于管理和查询，合同应进行登记，设立专门的登记台账和档案。

在充分掌握市场信息和技术信息以及充分征求使用人员的意见的基础上，按程序制订计划并加以实施，要十分重视订货合同及其管理。

仪器设备的购置可考虑采取招标和选择评价供货商的方式。招标应按照国家相应法律、法规进行。选择评价供货商则可根据各仪器设备供货商的报价、售后服务、供货业绩等多方面予以考虑后确定。具体的购置方式可按采购的仪器设备的价值大小、主管部门的要求等因素进行选择。

公开招标采购，即由招标单位通过报刊、广播、电视等媒体工具发布招标广告，公开货物采购的条件和要求，凡对该招标项目感兴趣又符合投标条件的法人，都可以在规定的时间内向招标单位提交意向书，由招标单位进行资格审查，核准后购买招标文件，进行投标。

依据《中华人民共和国招标投标法》，招投标程序如下。

招标人采用公开招标方式的，应当发布招标公告；招标人采用邀请招标方式的，应当向三个以上具备承担招标项目的能力、资信良好的特定的法人或者其他组织发出投标邀请书；招标人根据招标项目的具体情况，可以组织潜在投标人勘察项目现场；投标人投标；开标；评标；确定中标人；订立合同。

（1）招标

①具有招标条件的单位填写招标申请书，报有关部门审批获准后，组织招标班子和评标委员会；

②编制招标文件和标底；

③发布招标公告；

④投标者资格预审；

⑤文件答疑；

⑥接受投标方提交的投标文件。

（2）投标

①投标人应当按照招标文件的要求编制投标文件，投标文件应当对招标文件提出的实质性要求和条件做出响应；

②投标人应当在招标文件要求提交投标文件的截止时间前，将投标文件送达投标地点；

③投标人在招标文件要求提交投标文件的截止时间前，可以补充、修改或者撤回已提交的投标文件，并书面通知招标人；

④投标人根据招标文件载明的项目实际情况，拟在中标后将中标项目的部分非主体、非关键性工作进行分包的，应当在投标文件中载明。

两个以上法人或者其他组织可以组成一个联合体，以一个投标人的身份共同投标。

（3）开标　开标应当在招标文件确定的提交投标文件截止时间的同一时间公开进行；开标地点应当为招标文件中预先确定的地点。开标由招标人主持，邀请所有投标人参加。开标时，由投标人或者其推选的代表检查投标文件的密封情况，也可以由招标人委托的公证机构检查并公证。经确认无误后，由工作人员当众拆封，宣读投标人名称、投标价格和投标文件的其他主要内容。招标人在招标文件要求提交投标文件的截止时间前收到的所有投标文件，开标时都应当当众予以拆封、宣读。开标过程应当记录，并存档备查。

（4）评标　评标由招标人依法组建的评标委员会负责。依法必须进行招标的实验室项目，其评标委员会由招标人的代表和有关技术、经济等方面的专家组成。评标委员会组成方式与专家资质将依据《中华人民共和国招标投标法》有关条款来确定。

（5）中标　中标人确定后，招标人应当向中标人发出中标通知书，并同时将中标结果通知所有未中标的投标人。招标人和中标人应当自中标通知书发出之日起30日内，按照招标文件和中标人的投标文件订立书面合同。招标人和中标人不得再行订立背离合同实质性内容的其他协议。中标人应当按照合同约定履行义务，完成中标项目。

（四）实验设备的验收管理

实验设备的验收管理是实现实验设备计划的重要环节，是保证实验设备质量的关键，是保证实验设备投入正常使用的基础。常用实验设备的验收，可由物资设备部门的验收人员、采购人员及使用单位的有关人员承担。实验设备的验收一般分为常规验收和技术验收。

常规验收是指对实验设备的自然情况按订货要求进行检验，主要目的是检验实验设备是否按计划要求购入及对实验设备的包装、外表完好程度进行检验，核对零配件、备件及说明书等技术资料是否齐全。

实验设备技术验收的目的是保证实验设备有一个良好的技术状态。技术验收的主要内容是按照说明书的要求安装调试实验设备，检验实验设备的各项技术指标是否达到规定要求。验收人员必须做好验收记录，验收记录是实验设备的技术档案的重要组成部分之一。验收完毕后应及时投入使用。如果发现残缺损坏，数量和质量不符合合同规定要求，或未按计划采购的，应和采购人员一起查明原因，及时办理退、换、补等手续。

高效液相色谱招标（视频）

1. 到货与接收

（1）仪器设备验收前准备

①仪器设备到货后，实验室应安排或培训专职技术人员，熟悉厂商提供的技术资料；

②对精密贵重仪器和大型设备，应派专人按照所购仪器设备对环境条件的要求，做好试机条件的准备工作；

③在搬运至实验室指定位置的过程中，相关人员要做好管理和监督工作，防止搬运过程中发生意外事故。

（2）内外包装检查　包装是否完好，有无破损、变形、碰撞创伤、雨水浸湿等损坏情况，包装箱上标志、名称、型号是否与采购的品牌相同。

（3）开箱检查　仪器设备由供货方运达实验室的相关场地后，应该进行开箱检查。开箱检查一般由技术负责人组织设备管理部门、使用部门共同进行，并有供货方人员在场。开箱检查的主要内容包括：

①外观包装是否完好；

②按照装箱单清点零件、部件、工具、附件、备品、说明书和其他技术文件是否齐全，有无缺损；

③检测仪器设备有无锈蚀，如有锈蚀，应及时处理防锈；

④不需要安装的备品、附件、工具等，应注意移交，妥善装箱保管；

⑤对需要有基础安装的仪器设备，如万能材料试验机、压力机等，还需要核对设备的基础图和电气线路图；电源接线口的位置及有关参数是否与说明书相符。

检查验收情况应详细记录，作为该仪器设备的原始资料予以归档。对严重锈蚀、破损等情况，最好拍照或图示说明，以备查询，并作为向供货厂商进行交涉、索赔的依据。

2. 验收与初检

（1）数量验收

①以供货合同和装箱单为依据，检查主机、附件的规格、型号、配置及数量，并逐件清查核对（凡有安装合同的仪器，要在供货方安装人员在场时才能开箱验收）；

②认真检查随机资料是否齐全，如仪器说明书、操作规程、检修手册、产品检验合格证书等；

③做好数量验收记录，写明到货日期、验收地点、时间、参加人员、箱号、品名、应到和实到数量。

（2）质量验收

①要严格按照合同条款、仪器使用说明书、操作手册的规定和程序进行安装、调试、试机；

②对照仪器说明书，认真进行各种技术参数测试，检查仪器的技术指标和性能是否达到要求；

③质量验收时要认真做好记录，若仪器出现质量问题，应将详细情况书面通知供货单位。视情况决定是否退货、更换或要求厂商派员检修。

3. 仪器设备安装调试

仪器设备应根据技术条件和使用要求进行安装，安装时应注意安全、环境条件、设备基础、用电负荷等满足相关要求，考虑便于设备操作和维护修理。

仪器设备的调试可分为空运转试验、负荷试验和示值准确度检查。仪器设备在安装完毕后，首先应进行空运转试验，特别是机械类的仪器设备，如压力机、万能材料试验机、切割机等，主要考核仪器设备的稳固性，以及液压、操作、控制、润滑等系统是否正常和灵敏可靠。在空运转试验无误的情况下，方可进行试压、试拉、试切割等负荷试验，检查在负荷试验情况下仪器设备是否能正常工作。凡属计量器具的示值准确度应以检定或校准合格为准。

仪器设备的验收（视频）

（1）到货仪器设备安装由实验室相关人员协助供应商完成。在调试过程中，要注意检查配件是否齐全。

（2）设备安装完毕，项目责任人及设备操作人员按合同、仪器设备说明书要求，对仪器设备各项功能及指标进行试验及检查，检查其性能指标是否与说明书相符，是否达到合同的要求，并记录。如发现问题应及时反映给供应商解决。

4. 性能评价

性能评价是根据仪器设备进行开箱检查、安装调试后的结果，对整个仪器设备的技术性能是否符合规定要求及是否接收给出结论。

仪器设备在性能评价合格之后还需办理移交相关手续，对说明书、技术手册等资料应收集纳入设备档案归档保存。同时，按资产管理权限应纳入固定资产进行管理的仪器设备还应及时同本单位相关部门办理固定资产手续。

5. 注意事项

仪器设备到货后，一台仪器设备包括其各种配件，可能会有多个包装箱，在接收检验时，每个包装箱都要按照检验流程认真验收并拍照保留证据，每个包装箱都要填写仪器设备验收记录表（表4-2），以备查阅。

表4-2　　仪器设备验收记录表

验收单位：　　　　　　　　　　　　年　月　日

仪器设备名称			
合同号		购置日期	
规格型号		出厂日期	
出厂编号			
国别及生产厂			
供应商			
供货联系人		电话	
到货日期		验收日期	
验收人		电话	

续表

开箱情况			
箱号	外包装情况（是否有破损及破损位置、破损程度）	仪器设备表面情况（是否破损、锈蚀及相应位置、程度）	合同、装箱单、实际物品相符情况
仪器设备及其主要部件（附件）			
箱号	名称	验收数量	备注
所附软件、技术资料及说明书情况			
编号		资料名称	数量
备注：			
验收情况			
主要性能及技术指标情况（按标书、合同和说明书规定的技术指标验收）：			
附件、备件情况（按标书与合同验收）：			
所附软件、技术资料及说明书完备情况（按标书与合同验收）：			
培训情况（按标书与合同验收）：			
索赔要求及解决结果：			
其他要说明的问题：			
验收结论： 验收组组长（签字）： 年　月　日			

参加验收人员签名： 实验室主管：　年　月　日 仪器管理人：　年　月　日 项目负责人：　年　月　日	生产厂、代表签名（盖章）： 年　月　日
中心领导批示：　年　月　日	使用单位（盖章）：　年　月　日

附件 1　检测数据及图表

（粘贴所有技术指标检测数据的原始记录、图表）

附件 2　仪器设备外形照片

备注：本表一式三份；实验室、供货商、资产设备处各存一份。

二、仪器设备供应商信息管理

仪器设备供应商信息管理主要是指对仪器设备供应商、仪器设备生产厂家进行调查选择的基础资料、供货业绩、评价资料的管理。

在采购仪器设备和消耗材料前应对供应商进行选择，选择过程中应注意考察供应商，特别是仪器设备生产厂的生产资质和能力。考察的办法可以直接通过生产厂家的宣传网站查证，也可查看由供应商提供的资料证明文件等；必要时，到该生产厂所在地实地考察；注意向其他用户咨询使用该产品的质量、产品性能、服务质量、信誉等情况。

一般来说，仪器设备的供应商应提供以下几种类型的基础资料：工商登记证书、税务登记证、制造计量器具许可证等；另外还有一些辅助性的资料，如产品的科研项目鉴定结论、企业质量管理体系认证证书，用户意见书等；以上各类资料，应整编归档，按一个供应商建立一个档案的方式建档。仪器设备供应商档案应包括如下内容：供应商名称、地址、联系方式、供应范围、以往供货业绩的记录、评价及各类基础资料的复印件或原件。

项目实施

液相色谱仪采购方案设计

一、目标

通过对理化实验室液相色谱仪的需求评价，制订液相色谱仪采购方案，掌握液相色谱仪方案设计的基本要求；学习设备采购的相关法律法规；能够将相关政策应用于实际采购方案设计；通过小组完成和优化任务，培养团队合作意识以及分析问题和解决问题的能力。

二、分析

分析理化实验室样品测量需求特点，确定仪器的参数范围、准确度、分辨率、稳定性等指标，根据仪器价格、自动化、售后服务等要求设计采购流程，并根据采购流程设计液相色谱仪采购方案。

三、实施

（1）学生进行分组，分析实验室样品测量需求特点，确定仪器设备参数。

（2）学生复习巩固相关政策、采购管理等方面的知识。

（3）液相色谱仪采购需求填入表 4-3。

表 4-3　液相色谱仪采购需求

实验室样品	
样品类型	测量需求

液相色谱仪设备要求				
自动化	量值溯源性	价格和维护	售后服务	其他

液相色谱仪测量要求			
参数范围	参数准确度	稳定性	分辨率（灵敏度）

学生根据实际分析结果，对照相关政策及实验室采购要求，设计液相色谱仪采购方案。

（4）小组整理汇报。

（5）通过小组内互评、组间互评及教师评价三方面对任务结果综合打分。

四、评价

（1）以小组为单位完成任务，明确小组成员分工。

（2）根据小组成员参与程度及完成度进行组内互评。

（3）小组间根据每组完成任务质量进行投票排序。

（4）教师根据组间互评及任务完成情况综合评价，具体见表 4-4。

表 4-4　　　　综合评价表

<table>
<tr><td rowspan="7">组内互评
（30%）</td><td>姓名</td><td colspan="2">得分</td></tr>
<tr><td></td><td colspan="2"></td></tr>
<tr><td></td><td colspan="2"></td></tr>
<tr><td></td><td colspan="2"></td></tr>
<tr><td></td><td colspan="2"></td></tr>
<tr><td>平均分</td><td colspan="2"></td></tr>
<tr><td></td><td colspan="2"></td></tr>
<tr><td>组间互评
（20%）</td><td colspan="3"></td></tr>
<tr><td rowspan="4">教师评价
（50%）</td><td>评价指标</td><td>分值</td><td>备注</td></tr>
<tr><td>设备需求参数分析</td><td>10</td><td>准确、规范</td></tr>
<tr><td>采购流程设计</td><td>20</td><td>完整、规范、合理</td></tr>
<tr><td>小组汇报</td><td>20</td><td>分工明确，清晰准确</td></tr>
<tr><td>实训成绩
（满分 100 分）</td><td colspan="3"></td></tr>
</table>

项目三

设备管理

一、仪器设备一览表

实验室应建立仪器设备一览表（台账），包括抽样工具、样品制备和数据处理需用的辅助设备和相关软件。仪器设备一览表中应包括如下基本信息：仪器设备名称、编号、制造厂家、出厂编号、购置日期、启用日期、测量范围、准确度/不确定度、使用部门、设备管理员等。实验室仪器设备一览表如表 4-5 所示。

设备管理
（视频）

表 4-5　　　　实验室仪器设备一览表

序号	仪器设备名称	编号	测量范围	准确度/不确定度	出厂编号	制造厂家	购置日期	启用日期	使用部门	设备管理员

二、 仪器设备的使用与维护

（一）仪器设备使用

实验室应对所使用的仪器设备建立完善的使用管理制度，主要是规定使用前后的检查、交接、清洁、安全使用等方面的管理。对主要仪器设备，应建立仪器设备使用记录，使用记录中应包括对仪器设备使用前后状态的检查、使用人等内容。仪器设备的使用记录放置在仪器设备附近，现场检测使用的仪器设备使用记录应跟随仪器设备，便于及时填写。仪器设备使用记录示例如表 4-6 所示。

表 4-6　　实验室仪器设备使用记录表

设备名称				制造厂家		出厂编号		
规格型号				设备编号		启用日期		
使用日期	开机时间	关机时间	委托单编号或样品编号	检测项目	使用前情况	使用后情况	使用人	备注

为了正确使用仪器设备，实验室应制订主要检测仪器设备的操作规程，经批准颁布后实施，并以合适的形式放置在仪器设备附近，或悬挂上墙，以便于操作人员使用。注意操作规程需根据设备说明书编制。

（二）仪器设备维护

仪器设备不仅应该正确使用，还应该正常维护。实验室应在年初时制订本年度设备的维护计划，定期对主要设备进行正常维护保养，以保证仪器设备随时处于功能正常的状态。尤其是主要检测仪器设备和对检测结果有较大影响的仪器设备，科学地确定维护周期。通常机械类的仪器设备维护主要内容有保证各类机械部件工作正常、润滑有效、液压系统处于良好状态等；电子类仪器设备维护主要有除尘、除湿、定期通电等；对部分仪器设备有自身特定维护要求的，其特定维护内容应该在维护计划中有所体现。仪器设备维护计划示例如表 4-7 所示。

表 4-7　　仪器设备维护计划

序号	设备名称	设备编号	使用部门	维护日期				维护内容	备注
				第一次	第二次	第三次	第四次		

维护计划下发至相关的执行部门，并有适当的检查和指导内容，保证维护计划按期完成。对仪器设备的所有维护均应填写维护记录，维护记录应纳入仪器设备档案保管。维护记录内容包括维护时间、维护内容、维护时发现的异常情况、处理措施、维护执行人等。

三、 设备的检定和校准

（一）目的

规范仪器设备的检定、校准程序，保证仪器设备的正常使用，使得测量数据和结果具有良好的准确性和可靠性。

（二）适用范围

检验科计量设备和检测仪器。

（三）职责

（1）设备责任人负责检测仪器的校准与验证或检定。

（2）技术负责人批准仪器设备的检定或校准。

（四）确定设备检定和校准要求

选择检定或校准服务机构实验室制定的检定或校准计划应考虑到不同测量仪器设备可有不同的校准方式，一部分可以内部校准，另一部分可以使用外部校准。当进行内部校准时，应符合国家有关的规定，并能证实其具备从事校准的能力，内部校准的方法必须形成文件并经过评审和确认，校准人员应经过培训并获得相应的资格。选择的外部检定或校准服务机构，需满足以下条件：一是有资格；二是计量授权范围、认可的校准能力或建标范围可以保证其测量不确定度能够满足测量设备的使用要求。

（五）设备检定和校准流程

（1）设备使用人员负责定期查看自己所使用设备的校准情况，如发现有未经校准、未粘贴计量合格标识或计量标识超期的设备，及时汇报给设备管理员。

（2）设备管理员负责管理，更新、定期查看设备周期检定计划表，随时关注设备的检定周期，如有到期设备需列出设备送检明细，编制设备送检通知单，下发到设备使用人员，设备使用人员按照设备送检通知单将到期的需要送检的设备准备好，交至设备管理员安排送检，并对常要送给的设备进行交接确认。

（3）设备管理员收集好到期设备后要尽快（3 日内）安排送检，需现场校准的设备，由设备管理员联系检测公司来公司进行校准，现场校准的设备由设备使用人员协助检测人员进行校准。

（4）设备管理员将取回的校准证书、设备与设备送检明细一一核对，确认证书与设备全部取回后，按照校准证书上校准日期及有效期更新设备周期检定计划表，同时将证书按使用人员分类后连同送检取回的设备转交至设备使用人员，并做好交接确认。设备使用人员按照校准证书填写计量合格标签，粘贴至对应的设备上，同时将旧的标签除去或遮盖，不允许一台设备出现多个计量合格标签，也不允许出现超期的计量合格标识，设备使用人员同时负责填写计量确认表，计量确认表填写应完整，不允许有空缺的内容，设备计量确认表填写完成后连同对应的校准证书统一汇总交至设备管理员，由设备管理员查看无误后，放到设备档案里归档。

（5）设备使用人员负责将校准好的设备放回原来的位置，检查其完好性，做好防护（图 4–3）。

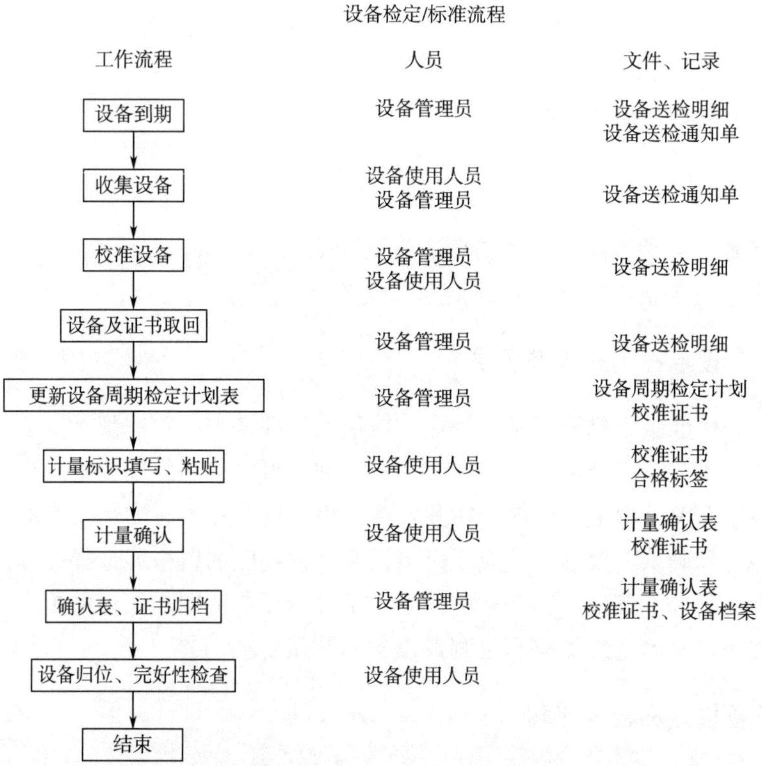

图 4–3　设备检定和校准流程图

四、 仪器设备停用和启用

实验室应对仪器设备的停用和启用进行规定。仪器设备停用有多种原因：无检测业务（指不使用的设备或使用次数少的）、仪器设备经检定或校准不合格、仪器设备损坏待修或待报废、仪器设备超过检定或校准的有效期暂不能使用、仪器设备状态可疑等。无论是何种原因停用的仪器设备，均应按照规定进行申报和审批。批准停用的仪器设备，应及时贴上红色“停用”标识，存放在合适的位置；机械、电子类的仪器设备停用后，除拟报废的外，其定期维护的工作应该照常进行，使仪器设备始终处于良好的状态。停用后重新启用的仪器设备，同样应按规定进行启用申报和审批。凡属计量器具应重新检定或校准合格后方可批准启用，启用后的仪器设备应更换绿色“合格”标识；若仪器设备在检定或校准有效期内启用，应对其技术性能的稳定性实施期间核查，核查结果合格后方可启用，不合格者应重新检定，校准合格后启用。仪器设备停用和启用记录示例如表 4-8 所示。

表 4-8　　仪器设备停用和启用审批表

设备名称		设备编号		规格型号	
存放地点				保管人	
停用记录					
申请停用原因					
申请停用的时间	年　月　日　~　年　月　日				
停用时功能及状态检查情况记录					
停用申请部门		设备管理员签字		部门负责人批准签字	
启用记录					
申请启用原因			启用时间	年　月　日	
申请日期	年　月　日				
启用时功能及状态检查情况记录					
启用申请部门		设备管理员签字		部门负责人批准签字	

五、 仪器设备的故障和报废

仪器设备出现故障应立即办理停用手续，贴上红色“停用”标识，同时，设备管理员及时向实验室的负责人报告，并组织修理，或联系仪器设备生产厂商进行修理。仪器设备的故障和修理应做好记录，并将记录归入仪器设备档案。

出现故障的仪器设备修复后必须重新检定、校准，或验证核查其功能指标已恢复，申请启用并得到批准后方可重新投入使用。有关人员应检查该仪器设备的故障对过去进行的检测工作是否造成影响并做好记录。

仪器设备的报废手续和审批权限应该在程序文件中予以说明，同时应符合本实验室、所在母体组织的管理要求。

液相色谱仪维护及故障处理（视频）

气相色谱仪维护及故障处理（视频）

原子吸收分光光度计维护及故障处理（视频）

六、 仪器设备的标识

仪器设备的检定/校准（验证）和确认状态应采用标识管理。每一台仪器设备（包括标准物质）应有明显的标识表明其状态。标识为“合格”“准用”“停用”；通常用“绿”“黄”“红”三色标识。具体标志如下。

（1）合格证（绿色）　为计量检定/校准合格者；经实验室自校合格者；经检查其功能正常者；无法检定，经比对或验证适用者（如雷达测量系统等）。

（2）准用证（黄色）　仪器设备存在部分缺陷，但在限定范围内可以使用的（即受限使用的）。包括多功能检测设备，某些功能已丧失，但检测所用功能正常，且经校准合格者；测试设备某一量程准确度不合格，但检测工作所用量程合格者；降级使用者。

仪器设备标识（视频）

（3）停用证（红色）　仪器设备损坏者；仪器设备经检定/校准不合格者；仪器设备性能无法确定者；仪器设备超过检定/校准周期者；仪器设备停用者。

（4）实验室可根据需要设计如下校准状态标识（表4-9），并在相应文件中说明其使用范围和方法。

表4-9　仪器设备校准标识

校准日期		建议下次校准日期	
校准实验室名称		证书编号	
a）封签（禁止使用者调整的部位应加贴封签）			
封签破损则校准无效			
校准实验室名称		校准日期	
b）确认标识（无需校准）			
确认合格标识			
确认人		确认日期	
c）暂停使用标识			
暂停使用			
□暂停	□待验收	□故障待修	□待报废
设备管理员		暂停日期	
d）降级使用标识			
降级使用			
原准确度为0.5级，目前为1.0级			
校准实验室名称		校准日期	

七、仪器设备档案

实验室应制订仪器设备档案管理规定，明确仪器设备档案管理的具体责任部门和管理人员及重点管理的仪器设备；规定纳入仪器设备档案的各项资料及归档路径，包括归档时间、交接手续；资料入档时应在档案卷宗上记录归档的资料、内容和负责登记的人员；仪器设备档案的编号应该与仪器设备的编号一致，档案做到资料齐全、登记及时准确。

实验室应为纳入固定资产管理的每台仪器设备按照一机一档的方式建立档案。属于低值易耗仪器设备的管理可按仪器设备类别或所收集资料的种类建立档案。

仪器设备的档案是指对设备从采购、验收、安装、调试、量值溯源、使用、维修、改造直至报废的全过程中形成的图纸、照片、文字说明、凭证和记录等文件资料；通过不断收集、整理、归档等工作，建立设备档案。

仪器设备档案的内容应包括：仪器设备名称；制造商名称、型号、序号或其他唯一性标识；接收日期和启用日期；目前放置的地点；接收时的状态及验收记录；仪器设备使用说明书（或其复制件）；检定/校准（验证）的证书或报告；维护和保养的记录；损坏、故障、改装或修理的历史记录等。

仪器档案
（视频）

原则上仪器设备档案随设备流转，便于及时补充档案信息和资料。为确保仪器设备档案不丢失和不损坏，实验室应制订并实施仪器设备档案的借阅管理办法，规定谁借谁保管谁负责。当仪器设备归还时，同时归还仪器设备档案；设备管理员对归还的仪器设备和档案进行验收，验收合格后双方履行交接手续并签字确认。

八、设备的出入库管理要求

实验室应建立设备的出入库管理制度。当需要携带设备到现场作业，在设备领用、归还时，实验室应对其功能和状态是否正常进行核查确认（由于路途的搬运、携带可能会改变设备的校准状态和功能），并记录。这种核查不仅仅是功能是否正常，配件是否齐全，检定/校准是否在有效期内等内容，还应包括其技术指标是否稳定（这种检查可采用期间核查的方式进行）。当发现设备归还时存在不符合项，应张贴停用标识，直至修复后并经检定/校准合格后方可投入使用。

另外，实验室还应特别关注：当设备送由计量授权机构检定或校准后返回时，实验室应对其功能进行检查，确保返还的设备功能正常，并记录检查结果。

项目实施

液相色谱仪常规管理卡片设计

一、目标

通过对理化实验室液相色谱仪的常规管理要求，设计液相色谱仪的常规管理卡片，掌握液相色谱仪常规管理卡片设计的基本内容；学习检测设备常规管理知识，通过小组完成和优化任务，培养团队合作意识以及分析问题和解决问题的能力。

二、分析

根据实验室液相色谱仪常规管理要求，收集整理实验室现有液相色谱仪的信息，并根据所收集的信息完成液相色谱仪的常规管理卡片设计。

三、实施

（1）学生分组进行，收集整理液相色谱仪相关资料。

（2）学生复习巩固仪器设备常规管理、卡片管理等方面的知识点。

（3）学生根据实际收集资料，对照实验室检测设备常规管理要求，完成液相色谱仪常规管理卡片的设计。

（4）小组展示管理卡片进行整理汇报。

（5）通过小组内互评、组间互评及教师评价三方面对任务结果综合打分。

四、评价

（1）以小组为单位完成任务，明确小组成员分工。

（2）根据小组成员参与程度及完成度进行组内互评。

（3）小组间根据每组完成任务质量进行投票排序。

（4）教师根据组间互评及任务完成情况综合评价，具体见表 4-10。

表 4-10　　综合评价表

<table>
<tr><td rowspan="6">组内互评
（30%）</td><td>姓名</td><td colspan="3">得分</td></tr>
<tr><td></td><td colspan="3"></td></tr>
<tr><td></td><td colspan="3"></td></tr>
<tr><td></td><td colspan="3"></td></tr>
<tr><td></td><td colspan="3"></td></tr>
<tr><td>平均分</td><td colspan="3"></td></tr>
<tr><td>组间互评
（20%）</td><td colspan="4"></td></tr>
<tr><td rowspan="4">教师评价
（50%）</td><td colspan="2">评价指标</td><td>分值</td><td>备注</td></tr>
<tr><td colspan="2">设备信息收集</td><td>10</td><td>真实、准确、全面</td></tr>
<tr><td colspan="2">管理卡片设计</td><td>20</td><td>合理、规范、全面</td></tr>
<tr><td colspan="2">小组汇报</td><td>20</td><td>分工明确，清晰准确</td></tr>
<tr><td>实训成绩
（满分 100 分）</td><td colspan="4"></td></tr>
</table>

项目四 计算机自动化设备及软件管理

随着科技发展，实验室中越来越多地应用到自动化设备。自动化设备是众多自动化产品的统称。自动化设备是在无人干预的情况下，根据已经设定的指令或者程序，自动完成工作流程任务。

一、自动化设备的特点

自动化是指使用机器代替或部分代替人在生产过程中的劳动，降低操作人员的劳动强度，提高生产效率和产品质量。自动化的核心技术是控制。自动化的前提是必须获取生产过程的信息。获取信息手段是传感器；自动化的执行通过执行器，相当于人的“手”；如何执行通过控制装置与控制策略。自动化设备与传统设备对比如表 4-11 所示。正是由于自动化设备与传统设备的差异，因此在管理思维上也具有较大的不同（表 4-12）。

表 4-11　　自动化设备与传统设备情况对比表

自动化设备	高度的自动化程序，无需人工操作	工作效率高，提高企业产品生产效率	整个工艺的生产流程稳定，产品的一致性得到很大保证	适合大批量生产，降低了企业生产成本	维护维修，需要机、电、气、液、仪一体化技术的紧密配合
传统设备	机械化程序，需要人工操作	工作效率低	工艺流程由单台设备控制，产品质量有差异	适合单件小批量生产，产量低，成本高	维护维修时，机、电、气、液、仪专业分工明确

表 4-12　　自动化设备与传统设备的管理思维对比表

自动化设备	全员参与管理，提升整体效率	引入系统工程概念，如现代设备诊断理念及方法，多采用预知性维修	计算机自动化设备管理软件和管理制度相结合	管理及应用上，需现代设备管理理念和设备使用管理并举
传统设备	仅设备管理与维修人员参与	经验检查，多采用计划维修	经验管理和管理制度相结合	重使用，轻管理

二、自动化设备的管理与维修

（一）自动化设备管理与维修的内容

自动化设备管理与维修包括工程技术管理、财务经济管理、管理方法、维修管理（含备件管理）等方面。具体讲，工程技术管理是基础，财务经济管理是目的，管理方法是手段，维修管理是控制程序。

工程技术管理实际上就是自动化设备的前期管理，引进或改造自动化设备时不要求最先进，而要求最适用的，因为最先进的有时会发生产能过剩，造成资源浪费。因此，只有最适用的才是最合理的。使用自动化设备的目的就是追求效益最大化，以财务经济管理为根本目的。管理方法是设备全寿命周期内全过程管理，追求的是用最小的费用产生最大的效益，确保寿命周期费用平衡。维修管理（含备件管理）是自动化设备管理的一个重要方面。第一，自动化设备的备件费用一般较高，因此有必要建立“ABC”备件库存管理理念；第二，维修手段要适应自动化设备要求，要采用先进的检查手段，如红外线温控仪、轴承失效检测仪、油液质量监测仪、振动分析仪等现代化监测手段，如有必要，可采用设备管理中常用的智能管理系统在线监测等，确保设备在计划生产时间内不停机；第三，维修方式可采用预知性维修和机会维修。

（二）自动化设备维修方式

传统的设备维修是事后维修和预防性维修相结合，其缺点是设备不坏不修，坏了才修易产生维修不足或维修过剩的弊端，还会影响正常生产，所以这两种维修方式都不适合自动化设备的维修。自动化设备自动化技术相对复杂，机、电、气、液、仪一体化配合化程度要求较高，生产中某一台自动化设备一旦停机，就有可能造成生产线的全面停产，给生产造成很大损失。因此，在自动化设备维修体系中，应最大限度采用预知性维修和机会维修的方式。

1. 预知性维修

预知性维修采用计算机系统监视记录设备故障，依靠传感器和监视测量仪器感知诊断设备潜在故障信息，通过人工和计算机计算分析处理故障信息，对自动化设备故障定位，然后采取相应的维修方式。预知性维修可以极大提高设备维修的及时性和有效性，避免维修不足和维修过剩，提高设备的工作效率，减少非计划停机时间。例如，某乳化炸药生产厂的关键设备——乳化器，已实现了20余点的预警及安全自动保护（包括温度点、流量点、压力点、电流点），当任意一点（项）在允许的范围内波动较大时，即可通过人工或计算机计算分析处理故障信息，对乳化器故障进行定位，然后采取相应的维修方式。

2. 机会维修

对自动化设备采取机会维修，是在实际工作经验中总结出来的，在设备点检中发现的不影响设备使用安全、暂时不影响生产的故障，可以在保证有效监控的条件下将维修时间安排在节假日或周末。例如，某乳化炸药生产厂采用设备监测预诊断技术，通过监测仪器进行状态监测，掌握设备“健康”状况，对在状态监测中所发现的隐患，无需停机处理的可随时处理，也可在生产之余处理；而对于运行较好的设备，可以将维修时间延后或经过验证后取消维修，避免不必要的人力、物力的浪费，减少过剩维修与停机所带来的损失，充分发挥设备效能，减少维修不足和维修过剩造成的费用支出。

三、自动化设备的维护

（一）设备维护的标准和内容

自动化设备维护的主要目的是保障设备能够正常运行，在正常使用条件下延长设备的使用寿命和使用效率，以达到节约成本的目的。因此，设备维护的标准应建立在设备正常运行的基础上，即设备在维护后能够最大化地恢复到原有工作状态，达到最佳的性能水平，以保障正常运行。设备的维护内容，应在充分了解和掌握自动化设备结构的基础上进行确认，主要包括：定期检查设备的电源、气源、液压源、传动、控制；定期检查设备的传感器是否偏移原来位置；定期检查流量控制阀、压力控制阀和继电器等有无问题；要经常对设备进行清洁保养；做好预知性维修和机会维修工作。

（二）自动化设备工作条件的维护

自动化设备的工作环境是影响设备正常工作的重要条件之一。由于自动化设备涉及诸多电子器件，敏感性强，其极易受到工作环境的影响，因此，自动化设备工作条件的维护应从环境湿度、清洁度、温度等客观条件着手，查找影响自动化设备工作的潜在环境影响因素。

（三）建立信息化管理系统

自动化设备融合了较多现代科学技术，特别是计算机技术，信息化程度较高。因此，管理人员应结合现代信息技术构建信息化管理系统。例如，通过信息化管理系统的数据处理、数据查询和成本核算等功能模块，完成自动化设备的数据库查询（包括设备查询、领用查询、消耗查询）、模块分析设计与实施。查询每台设备零件信息时，管理人员可随时掌握设备的现状及领用设备、消耗备品状况。更为重要的是，能够随时掌握在线设备的实时温度点、流量点、压力点、电流点、主要零件运行时间等状态数据，构建信息处理、传递、执行、诊断和监测等一系列综合性信息处理系统，提高管理工作的信息化、智能化、程序化程度。

自动化设备的管理和使用运行，越来越依靠系统的设备管理工程来进行成本和效率的控制。因此，设备管理与维修人员必须综合考虑设备运行成本和经济效益，改进传统设备管理和维修方式，利用现代科学技术手段，制订科学合理的管理措施和维修方式，不断提升设备管理的信息化、智能化、程序化水平，最大程度地降低设备的故障率和潜在隐患，不断提高设备的使用寿命和经济效益。

四、计算机硬件的维护

进行计算机硬件的维护是为了保证硬件安全。在建设自动化设备系统时，就需做好机型的选择，必要设备和设施的设置（如电源、空调等），硬件管理制度的确立等。在自动化设备系统的运行过程中，有时会出现计算机硬件的问题，需要通过对计算机硬件的维护加以解决。计算机是比较精密的机器，对机房的周围环境、布局都有严格的要求。其中电源电压的稳定性以及空气的温度、湿度、清洁度，环境的防振、防磁、防干扰，机房的防水、防火、防盗等措施，对自动化设备系统的安全运行都很重要。为此，国家专门制定了GB/T 2887—2011《计算机场地通用规范》、GB/T 9361—2011《计算机场地安全要求》等国家标准，我们可以根据本单位的实际情况和客观条件，参照实施。计算机硬件的维护主要包括对计算机硬件设备进行检测、查找硬件故障以及更换已损坏的部件、清洗机械部件、根据工作需要更新一些不适应需要的硬件设备等。排除计算机硬件故障的关键是查找故障原因。只要找出故障所在，排除故障就有了依据。计算机硬件的故障通过日常简单查找就可以找出，所以自动化设备系统的使用人员应该掌握一些日常简单查找的技术。只有当发生特别复杂的故障时，再求助于专业部门进行维护。日常简单查找的具体方法包括振动法、交换法和诊断程序法等。

（1）振动法　指通过机械振动查找可能产生故障的零部件。振动法经常用于查找计算机运行时好时坏的故障。这种故障产生的原因大多是由于接触不良或焊接不牢造成的。为解决此类问题，首先需关闭设备并切断电源，随后拔下有怀疑的插件，逐个检查接头是否牢固，在确认无误后，重新插牢接头，接着开启设备验证故障是否已消除。

（2）交换法　指用无故障的零部件替换有怀疑的零部件，从而发现故障所在的一种检查方法。根据交换对象的不同，具体操作各异。如果机房内还有正常运行的同型号的计算机的相同零部件，可以交换，观察故障是否清除。如果没有其他计算机，就需准备一些常用的备件，在发生故障时替换检查。计算机的有些零件往往每台有好几个，如软盘驱动器、硬盘、内存条、扩展槽等，如果手头一时没有合用的备件，也可用同一台计算机内的零部件互相替换检查。如果发现显示有问题，怀疑显示卡或主板扩展槽接线有问题，一时又没有条件替换，可关机后打开机箱拔下显示卡，检查焊接无误后换一个扩展槽插牢再试，以排除主板扩展槽接线问题；又如发现硬盘读写有问题，可换一个硬盘电源线和信号线再试，以缩小故障范围。

（3）诊断程序法　指利用计算机自带的诊断调试程序如 QPLAS，DEBUG 等进行诊断调试。目前的计算机绝大部分都自带诊断调试程序，必要时可调用检查。

五、 计算机软件的维护

在自动化设备系统中，计算机软件包括磁盘操作系统、汉字系统、设备软件等。一般而言，磁盘操作系统和汉字系统都已相当成熟，万一发生问题可直接与销售商联系，很快就能解决。而设备软件在我国还正处于发展走向成熟阶段，在实际使用时可能会产生较多问题。所以在使用过程中逐步解决这些问题就成为自动化设备系统软件维护的主要工作。设备软件的维护任务主要包括：软件必须符合相关自动化设备制度的规定，功能要完善，操作要方便，运行结果要准确，软件自身要有防止非法修改和复制的功能等。为了完成上述维护任务，通常需要进行矫正性维护、适应性维护和完善性维护。计算机软件除了上述的组成部分以外，还有可能包括恶意侵入的程序，即计算机病毒。防治计算机病毒也是软件维护的重要任务之一。

（1）矫正性维护　指改进软件在开发设计阶段未能发现的错误。在任何软件的开发设计过程中，无论采取多么严密的措施，都不可能保证程序绝对没有错误。有些错误是由于开发设计时考虑不周；有些是由于设计失误而未检查出来。经常发生的错误包括功能缺陷、性能缺陷以及程序设计错误等。例如有些单位需要进行跨月会计凭证的填制和业务处理，在软件设计时可能考虑不到，这就属于功能缺陷。有些自动化设备系统采用套打印输出，若打印纸定位难以准确，这就属于性能缺陷。有些自动化设备系统运行编制程序描述语句可能产生歧义，甚至不时发生死机现象，这就属于程序设计错误。发生上述错误，应及时进行矫正性维护，以提高软件的可靠性。矫正性维护大多集中在软件运行的初期。

（2）适应性维护　指由于软件应用条件发生了变化，需要相应对软件所作的修改工作。由于设备软件是在特定环境中为特定目的运行，设备软件的适应性维护可进一步分为适应运行环境的维护和适应运行目的维护。设备软件运行环境的变化包括计算机硬件配置的改变、操作系统的改变和汉字环境的改变。例如计算机主机的升档换代、输入/输出设备的增加减少或改变等以及从单用户发展到多用户或网络都属于计算机硬件配置的改变。

电气、自动化设备管理办法（文档）

项目实施

微生物实验室设备管理手机软件功能流程图设计

一、 目标

通过对微生物实验室设备管理功能手机软件的需求评价，设计微生物实验室设备管理手机软件功能流程图，了解实验室设备管理软件设计需求内容；能运用管理软件实现自动化设备管理，通过小组完成和优化任务，培养团队合作意识以及分析问题和解决问题的能力。

二、 分析

分析微生物实验室设备管理的功能需求，确定微生物实验室设备管理手机软件主页的功能模块，完成微生物实验室管理手机软件功能流程图设计。

三、 实施

（1）学生进行分组，分析微生物实验室设备管理功能需求，确定设备管理软件的功能模块。

（2）学生复习巩固实验室设备管理、软件管理等方面的知识点。

（3）根据分析整理的资料完成微生物实验室管理软件功能流程图设计。

（4）小组整理汇报。

（5）通过小组内互评、组间互评及教师评价三方面对任务结果综合打分。

四、 评价

（1）以小组为单位完成任务，明确小组成员分工。
（2）根据小组成员参与程度及完成度进行组内互评。
（3）小组间根据每组完成任务质量进行投票排序。
（4）教师根据组间互评及任务完成情况综合评价，具体见表 4-13。

表 4-13　　综合评价表

<table>
<tr><td rowspan="7">组内互评
（30%）</td><td>姓名</td><td colspan="2">得分</td></tr>
<tr><td></td><td colspan="2"></td></tr>
<tr><td></td><td colspan="2"></td></tr>
<tr><td></td><td colspan="2"></td></tr>
<tr><td></td><td colspan="2"></td></tr>
<tr><td>平均分</td><td colspan="2"></td></tr>
<tr></tr>
<tr><td>组间互评
（20%）</td><td colspan="3"></td></tr>
<tr><td rowspan="4">教师评价
（50%）</td><td>评价指标</td><td>分值</td><td>备注</td></tr>
<tr><td>设备功能管理需求分析</td><td>10</td><td>真实、准确、完整</td></tr>
<tr><td>设备软件管理主页设计</td><td>20</td><td>规范、全面、合理</td></tr>
<tr><td>小组汇报</td><td>20</td><td>分工明确，清晰准确</td></tr>
<tr><td>实训成绩
（满分 100 分）</td><td colspan="3"></td></tr>
</table>

思考题

1. 仪器设备选型应考虑哪些问题？
2. 实验能力包括哪些内容？
3. 如何做好实验室建设过程中的设备采购工作？
4. 简述实验设备验收管理的工作内容。
5. 实验室设备管理常规工作都包括哪些内容？
6. 实验设备的停用和启用如何管理？
7. 如何适应实验室传统设备向自动化设备的管理思维转变？

模块四　在线测试

模块五

检测质量控制

学习目标

知识目标

1. 了解能力验证、预防措施、纠正措施等的理论知识。
2. 理解抽样、检测方法、设备检定、结果处理等检测基本过程的含义。

能力目标

1. 具备抽样、检测方法选择、设备校准和期间核查、结果计算、检测报告撰写的能力。
2. 具备能力验证、量值溯源，运用预防措施、纠正措施的技能。

素质目标

1. 树立严谨求实、精益求精的工作态度，确保检测结果的准确性和可靠性。
2. 树立坚持原则、诚实守信的职业操守，保证检测结果的独立性与公正性。

案例导入

某蔬菜超市抽检的新鲜青菜被检验机构判定为镉含量超标。超市对检验结果进行申诉。经调查发现，检验机构使用的检验标准为 GB 5009.15—2014《食品安全国家标准 食品中镉的测定》；观察待测样品时发现，制备完成的青菜样品中含有泥土颗粒，根据 GB

5009.15—2014《食品安全国家标准 食品中镉的测定》可知，蔬菜、水果、肉类、鱼类及蛋类等鲜（湿）试样，用食品加工机打成匀浆或碾磨成匀浆，储于洁净的塑料瓶中，并标明标记，于-18~-16℃冰箱中保存备用；根据 GB 2762—2022《食品安全国家标准 食品中污染物限量》可知，新鲜蔬菜指未经加工的、经表面处理的、去皮或预切的、冷冻的蔬菜。综上所述，泥土不应当出现在制备完成的待测样品中。检测机构在检测过程中应根据检测项目及相关检测标准避免因制样过程中污染带入从而导致产品检验不合格。

项目一

检测基本过程

检验检测机构在运行过程中应建立、实施和保持与其活动范围相适应的管理体系，检测过程质量控制是检验检测机构的核心，检测过程的质量控制主要从抽样、样品的处置、检测流程、结果处理及检测报告等几个方面进行。在检测或校准过程中进行技术记录数据控制和信息管理，确保结果的有效性，另外通过能力验证、预防措施和纠正措施等手段确保检测结果公平、公正、合法有效，防止出现错误的结果。

一、抽样

××××检测有限公司质量手册——抽样（文档）

抽样是从大量的分析对象中采取有代表性的一部分样品作为分析材料（分析样品），是检验检测机构检测过程的一部分，正确、合理的抽样会给检测结果的正确性提供坚实的基础。抽样最重要的指标是检测样品具有代表性、典型性、适时性和程序性，确保能真实反映样品的组成、质量及卫生状况。但在某些情况下（如法庭科学分析）因其可获得性原因，可能不具备代表性。

抽样检查的目的是通过抽查判定是否合格，因此必须事先规定批次合格的标准。检验检测机构应严格按照制订的抽样计划和程序进行，计划和程序的制订要有科学、合理的依据，要注意现场影响因素的控制。

检验检测机构为后续检测或校准而对物质、材料或产品进行抽样时，应有用于抽样的抽样计划和程序。抽样计划和程序在抽样的地点应能够得到。抽样计划应根据适当的统计方法制订，抽样过程应注意需要控制的因素，以确保检测和校准结果的有效性。

当客户对文件规定的抽样程序有偏离、添加或删节的要求时，这些要求应与相关抽样资料一起被翔实记录，并被纳入包含检测和/或校准结果的所有文件中，同时告知相关人员。

当抽样作为检测或校准工作的一部分时，检验检测机构应有程序记录与抽样有关的资料和操作。这些记录应包括抽样日期和时间、识别和描述样品的数据（如编号、数量和名称）、抽样人的识别、所用设备的识别、环境或运输条件（如果相关）、必要时有抽样位置的图示或其他等效方法、与抽样方法和抽样计划的偏离或增减，如果合适，还应包括抽样程序所依据的统计方法。

二、 样品的处置

×××× 检测有限公司质量手册——样品处置（文档）

由于用一般方法抽样取得的物品数量较多，且不能及时进行检测，为确保分析结果的准确性，在物品检验之前，须对样品进行必要的处理，保证样品十分均匀，使检测时取任何部分都能代表被检样品的平均组成并满足检测对样品的要求。在样品制备过程中应防止成分的散逸及性质的变化。

制样是使样品中的各组分尽可能在样品中分布均匀，以使进行检验的样品既能代表所采取样品的平均组成，也能代表该批物料的平均组成。所以，制样也应该按照规定的方法或条例进行。

三、 检测流程

检验检测机构调度接到报检单（包括常规送检通知、临时工艺抽样检验指令、临时性抽检申请等）后，通知采样组，采回的试样送调度。调度将验收合格的报检单、送检样品送制样室进行制备，制好后返回调度，调度依据样品的检验要求送有关检验组（室），如原料组（室）、中检组（室）和成品组（室）。有关检验组（室）检查验收样品后，留取部分样品作为副样保存（也可由调度安排保存），然后安排具体人员进行检验、结果数据处理、填写检验报告、再交检验组（室）负责人审核签字，送调度。

四、 结果处理

检验检测机构应建立保持监控结果有效性的程序，检验检测机构所有数据的记录方式应便于发现其发展趋势，若发现偏离预先判断，应采取有效的措施纠正出现的问题，在检测过程中防止出现错误的结果。在对检测结果进行计算时，对直接测量值应取几位数字，对间接测量值要保留几位数字，这些都是数据处理中面临的首要问题。

检测结果一般是一组原始数据的运算结果，原始记录是整个检测过程和检测结果信息的真实记载，是编制检测报告的原始凭证和重要依据。而诸多原始数据的有效数字位数往往不一致，因此在运算时需要按照一定的规则确定计算结果的有效数字位数，并据此进行相关的数字修约，以确保检测结果数据的准确性。

在对同一样品的平行测定中，会遇到个别测定值比其他测定值明显偏大或偏小的情况，对这样的测定值，在引起偏离的原因不明时，不能随意地舍去或保留，应对其进行统计检验，再决定取舍。

五、 检测报告

×××× 检测有限公司质量手册——结果报告、结果说明（文档）

检测报告是检验检测机构技术能力和管理体系有效运行程度的体现，也是履行对客户服务承诺出具的能够承担法律责任的技术文件。检验检测机构应准确、清晰、明确和客观地报告每一项检测，或一系列检测的结果，包括检测结果所必需的和与客户约定所用方法要求的全部信息。

原始记录是整个检测过程和检测结果信息的真实记载，是编制检测报告的原始凭证和重要依据。原始记录一般包含产品名称、规格型号、受检/委托单位、检验类别、样品等级和数量、检测项目、检测依据、仪器型号/编号及重要参数、实际操作参数、环境条件、测量读数、计量单位、计算公式、测量过程中其他一些必要的描述、签署等。

检测报告要保证出具的检验数据和结论客观、公正，不得出具虚假检验报告。一是要编写规范、内容完整、填写清晰、结论明确；二是反映的信息和数据必须客观公正，准确可靠；三是不得涂改，不可出现空白项；四是要使用法定计量单位。检测报告的内容要根据出具报告的性质不同而有所不同。

当用电话、传真或其他电子方式传送检验检测结果时，应满足相关标准对数据控制的要求。检验检测报告或证书的格式应设计为适用于所进行的各种检验检测类型，并尽量减少产生误解或误用的可能性。

检验检测报告或证书签发后，若有更正或增补应予以记录。修订的检验检测报告或证书应标明所代替的报告或证书，并注以唯一性标识。

六、 投诉

投诉是积极的行为而不是消极的指责，是维护客户合法权益的途径，是实验室出现问题时进行改进和提高的重要手段，需要认真对待。

实验室应制订明确的政策和程序，并严格按照政策和程序的规定进行操作，对待客户或其他方面的投诉要及时、耐心、细致，还要做到完全和深入，出现问题要深入全面地找出问题的根源所在。如果收到中国合格评定国家认可委员会（CNAS）转交的投诉，应在2个月内向其反馈投诉处理结果。

项目实施

检测报告撰写

一、 目的

通过学习检测报告的撰写，能够了解检测报告包含的主要内容，理解规范出具检测报告的重要性，具备撰写完整检测报告的能力。通过小组完成和优化任务，培养团队合作意识。

二、 分析

某理化实验室，实验员甲在进行食品中过氧化值的测定检测项目时，进入实验室首先记录了当天温度：26.2℃，湿度：54.2%；随后取干净的250mL锥形瓶去天平室用0.001g天平称取当日待检测菜籽油1（2.445g）和菜籽油2（2.401g）。回到实验室后在通风橱内加入 30mL 三氯甲烷-冰乙酸混合液，振摇后准确加入 1mL 饱和碘化钾，塞进瓶塞，轻轻振摇 0.5min，在暗处放置 3min，取出加水 100mL，摇匀后立即用硫代硫酸钠标准溶液滴定析出的碘，滴定至淡黄色时，加 1mL 淀粉指示剂，继续滴定并强烈振摇至溶液蓝色消失。

实验员甲记录了滴定结果 1（11.5mL）和滴定结果 2（11.2mL）。直接进行计算并得到最终结果。

三、实施

（1）分析实验中有哪些记录错误之处。

（2）分析实验中有哪些记录缺失之处。

（3）整理上述实验中的疏漏并结合所给标准及数据拟定一份完整的检测报告。

（4）总结出具合格检测报告的重要性。

（5）小组整理汇报。

（6）通过小组内互评、组间互评及教师评价三方面对任务结果综合打分。

四、评价

（1）以小组为单位完成任务，明确小组成员分工。

（2）根据小组成员参与程度及完成度进行组内互评。

（3）小组间根据每组完成任务质量进行投票排序。

（4）教师根据组间互评及任务完成情况综合评价，具体见表 5-1。

表 5-1　综合评价表

<table>
<tr><td rowspan="6">组内互评
（30%）</td><td>姓名</td><td colspan="3">得分</td></tr>
<tr><td></td><td colspan="3"></td></tr>
<tr><td></td><td colspan="3"></td></tr>
<tr><td></td><td colspan="3"></td></tr>
<tr><td></td><td colspan="3"></td></tr>
<tr><td>平均分</td><td colspan="3"></td></tr>
<tr><td>组间互评
（20%）</td><td colspan="4"></td></tr>
<tr><td rowspan="3">教师评价
（50%）</td><td colspan="2">评价指标</td><td>分值</td><td>备注</td></tr>
<tr><td colspan="2">实验过程分析与评价</td><td>20</td><td>能正确指出实验中的错误与缺失之处</td></tr>
<tr><td colspan="2">拟定一份完整的检测报告</td><td>30</td><td>格式规范，内容完整</td></tr>
<tr><td>实训成绩
（满分 100 分）</td><td colspan="4"></td></tr>
</table>

项目二

检测过程质量控制

一、 要求、 文件控制和合同评审

检验检测机构作为检验检测活动的第一责任人，应对其出具的检验检测数据、结果负责，并承担相应法律责任。因检验检测机构自身原因导致检验检测数据、结果出现错误、不准确或者其他后果的，应当承担相应解释、召回报告或证书的后果，并承担赔偿责任。涉及违反相关法律法规规定的，需承担相应的法律责任。

检验检测机构应建立和保持控制其管理体系的内部和外部文件的程序，明确文件的标识、批准、发布、变更和废止，防止使用无效、作废的文件。

检验检测机构应建立和保持评审客户要求、标书、合同的程序。对要求、标书、合同的偏离、变更应征得客户同意并通知相关人员。当客户要求出具的检验检测报告或证书中包含对标准或规范的符合性声明（如合格或不合格）时，检验检测机构应有相应的判断规则，若标准或规范不包含判定规则内容，检验检测机构选择的判定规则应与客户沟通并征得同意。

二、 检验检测人员

检验检测人员收到检验组（室）检查验收的样品，根据检验检测方法要求进行准备，检查仪器设备、环境条件和样品状况一切正常后开始按规定的操作规程对样品进行检验，记录原始数据。检验工作结束后，复核全部原始数据，确认无误后，对样品作检验后处理。

检验检测机构应对所有从事抽样、操作设备、检验检测、签发检验检测报告或证书以及提出意见和解释的人员，按其岗位任职要求，根据相应的教育、培训、经历、技能进行能力确认。上岗资格的确认应明确、清晰，如进行某一项检验检测工作、签发某范围内的检验检测报告或证书等，应由熟悉专业领域并得到检验检测机构授权的人员完成。

三、 抽样的质量控制

抽样计划应根据适当的统计方法制订，抽样应确保检验检测结果的有效性，当客户对抽样程序有偏离的要求时，应予以详细记录并同时告知相关人员，若其要求的偏离影响到检验检测结果时应在报告中做出声明。抽样操作应当规范、抽样过程应当不影响所抽样品的质量，抽样应为同一批次产品。抽样后，抽样人员应据实填写抽样单，抽样数量应满足检验的重量和数量要求。

样品一般为固体、液体和气体，抽样的方法和要求各不相同。对样品的抽取基本要求是所抽取的样品应具有代表性和有效性。要做到这一点，抽样应按照规定的方法或条例进行，以满足抽样环节的质量控制。

四、 物品的处置质量控制

检验检测机构应建立和保持物品管理程序，以保护物品的完整性并为客户保密，机构应有物品的标识系统，并在检测整个流程期间保留该标识。在接收物品时，应记录物品的异常情况或记录对检验检测方法的偏离。物品在运输、接收、处置、储存、保留过程中应予以控制和记录。当物品需要存放或养护时，应维护、监控和记录环境条件。

五、 仪器设备的质量控制

设备在投入使用前，应采用核查、检定或校准等方式，以确认其是否满足检验检测的要求。

（一）检定或校准

检验检测机构应对对检验检测结果、抽样结果的准确性或有效性有影响或计量溯源性有要求的设备，包括用于测量环境条件等的辅助测量设备有计划地实施检定或校准，目的是保证仪器设备的正常使用，使得测量数据和结果具有良好的准确性和可靠性。所有需要检定、校准或处于有效期的设备应使用标签、编码或以其他方式标识，以便使用人员识别检定、校准的状态或有效期。

（二）期间核查

“期间核查”是ISO/IEC 17025：2017《检测和校准实验室能力的通用要求》中提出的一个概念，所谓期间核查是指核查仪器设备的系统漂移，以保持其校准状态的置信度。检测机构除了通过控制采购、校准等环节保证仪器设备的可靠性之外，期间核查也是一个重要的方法，同时它是标准中的一项规定，也是国家实验室认可和计量认证所要求的质量管理的一种方式。

1. 期间核查必要性

仪器设备是否需进行期间核查，应根据在实际情况下出现问题的可能性、出现问题的严重性及可能带来的质量追溯成本等因素确定。

（1）设备的稳定性　不够稳定、易漂移、易老化的设备，应进行期间核查。

（2）设备的使用状况和频次　使用频繁的仪器设备；经常拆卸、搬运、携带到现场检测的仪器设备；使用环境恶劣的仪器设备；故障率高、曾经过载或怀疑出现质量问题的仪器设备；使用寿命临近到期的仪器设备，应进行期间核查。

（3）校准数据分析　根据对历年来校准数据的变化情况的分析，来判断是否应进行期间核查。那么哪些设备可不进行期间核查呢？一般对稳定性好的设备、使用频次低的设备、带有自校功能且每次实验前均进行自校的设备，化学分析仪器每次带标样做，可不考虑进行期间核查。

不同实验室的测量设备期间核查要求是不尽相同的。按照ISO/IEC 17025：2017和JJF 1069—2012《法定计量检定机构考核规范》的要求，校准实验室和法定计量检定机构必须对其计量标准和标准物质进行期间核查。对其他测量设备以及检测实验室的一般测量设备，需要进行期间核查的有使用频次高的，使用环境恶劣的，对检测结果有重大影响的，移动使用的，漂移较大、稳定性较差的，用于现场检测的，曾经过载或怀疑有质量问题的。

期间核查并不是一次再校准，但校准的某些方法可用于期间核查。

2. 期间核查内涵

（1）期间核查仅是对设备（包括测量仪器、测量标准、参考物质、辅助设备）校准状态可信度的检查，即核查在两次检定/校准周期内，设备的技术指标是否得到保持。

（2）期间核查仅是对设备计量溯源性的检查。

（3）计量溯源性是对测量单位、测量程序或测量标准的溯源。

3. 核查方法来源

（1）许多标准方法已经详细规定了校准等方法和要求，可以直接作为期间核查的方法。

（2）仪器设备检定或校准规程往往详细规定了整个检定过程，期间核查可以采用其中的需要核查部分。如果没有该类仪器、设备的检定规程，还可以参照类似仪器检定规程。

（3）仪器设备使用说明书或供应商提供的方法。

4. 期间核查的方法

期间核查的方法有多种，可根据实验室及其检定、校准、检测样品的特点，从测量设备的特性以及经济性、实用性、可靠性、可行性等方面综合考虑。

（1）传递测量法　当对计量标准进行核查时，如果实验室内具备高一等级的计量标准，则可方便地用其对被核查计量标准的功能和范围进行检查，当结果表明被核查的相关特性符合其技术指标时，可认为核查通过。

当对其他测量设备进行核查时，如果实验室具备更高准确度等级的同类测量设备或可以测量同类参数的设备，当这类设备的测量不确定度不超过被核查设备不确定度的 1/3 时，则可以用其对被核查设备进行检查，当结果表明被核查的相关特性符合其技术指标时，认为核查通过。

当测量设备属于标准信号源时，也可以采用此方法。例如：可以通过不确定度为 0.1℃的温度计核查不确定度为 0.2℃的温度计。

（2）多台（套）设备比对法　当实验室没有高一等级的计量标准或其他测量设备，但具有多台（套）同类的具有相同准确度等级的计量标准或测量设备时，可以采用这一方法。

（3）两台（套）设备比对法　当实验室只有两台（套）同类测量设备时，可用它们对核查标准进行测量，若这两台（套）设备是溯源到同一计量标准，它们之间具有相关性，在评定不确定度时应予考虑。

当对标准物质进行核查时，也可用此法。这时标准物质为被核查的测量设备，选取性能稳定、具有满足标准物质量值分辨力的测量设备作为核查标准，分别用两个同类的、性能指标相同的标准物质对核查标准进行测量，得到两个结果，按上述判别准则进行判定。由于被核查的标准物质类型相同、技术指标相同，因此两次测量具有相同的不确定度。

（4）标准物质法　当实验室具有被核查设备的标准物质时，可用标准物质作为核查标准。

用于期间核查的标准物质应能溯源至国际单位制（SI），或是在有效期内的有证标准物质，当无标准物质时，可用已经过定值的标准溶液对测量设备进行核查，如 pH 计、离子计、电导仪等可用定值溶液进行核查。

（5）留样再测法　留样再测法又称稳定性实验法、重复测量法。当测量设备经检定或校准得到其性能数据后，立即用其对核查标准进行测量，把得到的测量值 y_1 作为参考值。这时的核查标准可以是测量设备，也可以是实物样品。然后在规定条件下保存好该核查标准，并尽可能不作他用。

（6）实物样件检查法　某些测量设备是用于测量限值的，当测量值超过限定值时即自动报警。对于这类设备可用本方法进行期间核查。首先根据被核查设备的工作原理以及被核查参数的性质，设计、制作或购买相应的实物样件。然后设定该参数的限定值，将实物样件施加于测量设备上，操作设备并调节到规定的输出量，观察测量设备是否具有相应的响应。

（7）自带标样核查法　有些测量设备自带标准样块，有的还带有自动校准系统，这时可将标准样块作为核查标准，按照制造商提供的方法进行核查。例如，电子天平往往自带一个标准工作砝码、金属超声波测厚仪自带标准金属底板，可将标准工作砝码、标准金属底板作为核查标准，按照设备说明书上规定的方法进行核查，另外像网络线缆认证测试仪开机就会自动校准。

（8）直接测量法　当测量设备属于标准信号源时，若实验室具备计量标准，可直接用传递测量法；若不具备计量标准，则可使用本方法。

首先确定需要核查的功能以及测量点，然后选取具有相应功能的测量设备作核查标准，在相应测量点上对核查标准的性能进行校准，得到相应的修正值，再用核查标准来测量被核查设备的性能，对核查结果进行修正后，观察是否符合其相应的技术要求。

（9）实验室间比对法　当实验室条件无法满足以上方法时，可用实验室间比对法来进行核查。

当确定被核查设备所在实验室为比对的主导实验室时；当没有确定主导实验室时；当参加比对实验室的测量设备均溯源到同一校准实验室的同一计量标准时，在评定不确定度时应考虑相关性的影响。

（10）方法比对法　指在相同的环境条件下，相同人员采用不同的检测方法对同一样品进行的检测。实验室可以采用方法比对进行内部质量控制，用以评价检测方法对试验检测结果的影响。方法比对一般适用于以下情况：刚实施的新标准或者新方法；引进或新开发的新技术、新方法；已有多个检验标准或方法的项目。

5. 核查结果处理及核查频次

（1）通过期间核查发现测量设备性能超出预期使用要求时，一，应立即停止使用并进行维修，在重新检定或校准表明其性能满足要求后方可投入使用；二，应立即采取适当的方法或措施，对上次核查后开展的检定、校准、检测工作进行追溯，以尽可能减少和降低设备失准而造成的风险。

（2）检定、校准、检测工作的追溯是需要成本的，同时设备失准会给实验室和顾客带来风险，从而损害实验室和顾客的利益。因此，实验室应从自身资源、技术能力、测量设备的重要程度，以及追溯成本和可能产生的风险等因素，综合考虑期间核查的频次。

6. 期间核查的实施

（1）编制有关程序性文件　明确期间核查工作的职责分工、工作流程及要求，并明确期间核查不符合结果的处理。

（2）编制年度的期间核查计划　期间核查计划应该包括仪器设备名称、型号规格、编号、期间核查的日期或频次、检查方法依据来源、执行人等。

（3）期间核查应有记录　可编制仪器设备期间核查记录表，包括仪器设备名称和编号、核查所用仪器设备的名称和编号、核查环境条件、核查方式描述、核查数据记录和综合结论、核查人员及核查日期。

六、检测方法的选择、验证和确认

××××检测有限公司质量手册——方法的选择、验证和确认（文档）

检测方法是提供准确、可靠检测数据的前提和基础，而同一个检测项目可以有不同的检测方法进行选择，要根据检测目的、具体要求以及检测成本等选择适当的检测方法。检验检测机构应建立和保持检验检测方法控制程序。检验检测方法包括标准方法和非标准方法（含自制方法）。应优先使用标准方法，并确保使用标准的有效版本。在使用标准方法前，应进行验证。在使用非标准方法（含自制方法）前，应进行确认。检验检测机构应跟踪方法变化，并重新进行验证或确认。必要时，检验检测机构应制订作业指导书。如确需方法偏离，应有文件规定，经技术判断和批准，并征得客户同意。当客户建议的方法不适合或已过期时，应通知客户。

不同的检测方法，其适用范围也有差异性，例如企业生产线上需要及时得到检测结果而不需要很高的精密度时，可选择在线检测等简单快速的检测方法。不同的检测方法需要的人力、物力和时间成本均有不同，应按照最优化原则选择尽量节约成本的检测方法。

检测方法应能够满足检测的要求，选择合适的检测方法是获得正确检测结果的前提和基础。如何在众多的标准方法中做出正确选择是检测工作的又一关键环节。检验检测机构应使用适当的方法和程序开展所有检验检测活动。

检验检测机构应确保最新有效版本的方法，对于标准方法，应定期跟踪标准的制、修订情况，及时采用最新版本标准。对检验检测机构检测方法的偏离，应事先将该偏离形成文件，做技术判断，获得授权并被客户接受。

当客户未指定所用的方法时，检验检测机构应选择适当的方法并通知客户。推荐使用以国际标准、区域标准或国家标准发布的方法，由知名技术组织、有关科技文献、期刊中公布的方法，或设备制造商规定的方法。检验检测机构制订或修改的方法也可使用。

检验检测机构在引入方法前，应验证能够正确地运用该方法，以确保实现所需的方法性能，并保存验证记录。验证不仅需要识别相应的技术人员、设备、环境等，还应通过试验确认结果的准确度和可靠性，如精密度、线性范围、检出限和定量限等方法特征指标，必要时应进行检验检测机构间比对。

检验检测机构应记录作为确认证据的信息、使用的确认程序、规定的要求、方法性能特征的确定、获得结果和描述该方法满足其用途的有效声明。

七、 结果有效性的质量控制

检验检测机构应建立和保持监控结果有效性的程序，可采用定期使用标准物质、定期使用经过校准的具有溯源性的替代仪器、运用工作标准与控制图、运用相同或不同方法进行重复检验检测、保存样品的再次检验检测、分析样品不同结果的相关性、对报告数据进行审核、机构内部对比、盲样检验检测等进行监控，应采取有效的措施纠正出现的问题，防止出现错误的结果。质量控制应有适当的方法和计划，并加以评价。

××××检测有限公司质量手册——结果有效性（文档）

八、 不确定度的评定

××××检测有限公司质量手册——测量不确定度（文档）

测量不确定度包括由系统影响引起的分量，如与修正量和测量标准所赋量值有关的分量及定义的不确定度。检验检测机构应根据需要建立和保持应用评定测量不确定度的程序，当检验检测项目中有测量不确定度的要求时，机构应建立和保持应用评定测量不确定度程序，建立相应数学模型，给出相应检验检测能力的评定测量不确定度案例。在检验检测出现临界值、内部质量控制或客户有要求时，需要报告测量不确定度。

检验检测机构应制订与检测工作特点相适应的测量不确定度评估文件，并有能力对每一项数值要求的测量结果进行测量不确定度评估，需要时，应评估这些测量结果的不确定度。

在采用新方法时，应按照新方法重新评估测量不确定度，对非标准方法、自己设计和研制的方法、超出预定使用范围的标准方法以及其他修改的标准方法进行确认，其中应包括对测量不确定度的评估。

对于公认的检测方法，如果该法规定了测量不确定度主要来源的极限值和计算结果的表示形式，只要按照该检测方法的要求操作，并出具测量结果报告即可。

测量不确定度的来源必须根据实际测量情况进行具体分析，分析时，除了对定义的不确定度，可从测量仪器、测量环境、测量人员、测量方法等方面全面考虑，特别要注意对测量结果影响较大的不确定度来源，应尽量做到不遗漏、不重复。

测量中的失误或突变因素不属于测量不确定度的来源，在测量不确定度评定中，应剔除测得值中的离群值（异常值）。离群值的剔除应通过对数据的适当检验后进行。

九、 不符合工作

××××检测有限公司质量手册——不符合工作控制（文档）

检验检测机构的不符合工作包括（但不限于）实验室环境条件不满足要求、试验样品的处置时间不满足要求、试样未在规定的时间内检测、质量监控结果超过规定的限值、能力验证或实验室间对比结果不满意等。实验室所有人员均应熟悉不符合工作控制程序，尤其是直接从事检测、校准和抽样活动的人员。实验室在内部审核中应特别关注不符合工作控制程序的执行情况。

实验室应保存不符合工作中针对风险水平采取措施、评价不符合工作的严重性、对不符合工作的可接受性等方面规定措施的记录。

当评价表明不符合工作可能再次发生时，或实验室运行与其管理体系的符合性产生怀疑时，实验室应采取纠正措施。

十、 技术记录的质量控制

记录是为已完成的活动或达到的结果提供客观证据的文件。检验检测机构应建立和保持记录管理程序，确保每一项检测活动技术记录的信息充分，确保记录的标识、保护、检索、保留和处置符合要求。技术记录应包括每项实验室活动以及审查数据结果的日期和责任人。技术记录主要有：原始观测记录、计算和导出数据、检测报告副本、采（抽）样记录、委托样品协议书、样品流转卡、留样保管、处理记录、检测设备检定证书、自校准记录和自校准报告、检测设备运行中检查及使用维修记录等。

检验检测机构应确保能方便获得所有的原始记录和数据。记录的详细程度应确保在尽可能接近条件的情况下能够重复实验室活动。

检验检测机构应在记录表格中或成册的记录本上保存检测或校准的原始数据和信息，也可直接录入信息管理系统中，也可以是设备或信息系统自动采集的数据。

检验检测机构应对检验检测原始记录、报告、证书归档留存，保存期具有可追溯性。检验检测原始记录、报告、证书的保存期限通常不少于 6 年。

十一、 数据信息质量控制

检验检测机构应获得检验检测活动所需的数据和信息，并对其进行有效管理。检验检测机构用于收集、处理、记录、报告、存储或检索数据的系统，包括计算机或自动化设备，机构应定期进行系统和适当的检查。

将自行开发的计算机软件形成文件，使用前确认其适用性，并进行定期确认，改变或升级后需再次确认，并保留确认记录。建立保持数据完整性、正确性和保密性的保护程序，定期维护，防止数据篡改和丢失，包括系统失效和适当的紧急措施及纠正措施。

十二、 其他质量控制

为保证整个检验过程的质量，除上述两个方面外，填写检验报告应准确无误；检验组（室）负责人审核报告必须仔细认真；调度在汇总、登记台账及发出正式检验报告书的过程中也不能疏忽大意；因各种原因（如停电、停水、停气、仪器设备发生故障、工作失误、样品问题等）造成检验工作中断，且影响检验质量，应做好相应记录并向上一级负责人报告，恢复正常后，该项检验应重新进行，已测得的数据作废。

项目三
能力验证、预防及纠正措施

一、能力验证

能力验证是指依据预先制定的准则，采用检验检测机构间比对的方式，评价参加者的能力，当量值溯源难以实现或无法实现时，可利用能力验证来表明测量结果的可信性。实验室能力验证是认可机构加入和维持国际相互承认协议（MRA）的必要条件之一。

能力验证可以评价一个实验室有无开展某项检验检测活动、出具合法有效的检验检测报告的能力，其目的是保证实验室的运行满足质量管理的要求，出具的结果公平公正、合法有效。在能力验证中，若实验室的结果与指定值或者其他能力评价准则之间存在明显的差异，检测人员应查找导致不满意结果的原因，识别检验中存在的问题并采取纠正措施。通过参加能力验证还可以发现检验检测机构与其他机构之间的差距，促使实验室提高检测水平。

（一）能力验证的条件

对于检验检测机构而言，参加能力验证活动是其实施质量控制的有效手段之一。能力验证活动需要考虑方法、设备、环境、人员等诸多因素，也是资质认定部门和检验检测机构发现问题和解决问题的有效途径。能力验证活动通常由能力验证提供者组织与实施，能力验证提供者是对能力验证计划的策划与设计、能力验证物品的制备、均匀性和稳定性检验、能力验证计划的运作、能力验证结果的统计处理和能力评价等所有任务承担责任的组织。能力验证要从硬件和软件两个方面来入手。

1. 硬件

硬件包括是否具备与所要从事的检验检测活动相匹配的场地、人员、设备。

2. 软件

软件包括人员的能力是否满足要求，实验室的管理运行是否满足要求。例如，要开展工作场所粉尘浓度检测，第一要满足硬件的要求：有粉尘采样检测设备，有相应的实验室、仪器室等场地，有相应的试剂耗材，有相应的采样、检测人员；第二，实验室的管理、运行还要满足检验检测机构资质评审和相应的检验检测规范的要求。

（二）能力验证的评价方法

1. 定性能力验证

定性能力验证的评价方式，与其性质和要求有关，不同的专业和行业有不同的评价要求和评价形式。通常只需根据参加者的检测结果与指定值是否准确一致，即可给出合格或不合格、满意或不满意的能力评价。但在某些能力验证计划中，要求对参加者进行多方面的综合评价，参加者的报告需提供给多位专家，最后协商给出公议的结论，并赋予参加者整体的评价或评分。

2. 定量能力验证

定量能力验证结果通常需要转化为能力统计量，以便进行解释和其他确定的目标做比较，其目的是依据能力评定标准来度量与指定值的偏离。

（三）能力验证的方法

实验室能力验证的方法可以有很多种，最常用的有以下两个。

1. 实验室间比对

不同实验室对同一个样品进行检验检测，看看结果的偏差是不是在可接受的范围内。

2. 盲样

实验室从上级实验室领取盲样，按照规定的方法进行检验检测，看看结果的偏差是不是在可接受的范围内。

二、量值溯源

量值溯源是通过一条具有规定不确定度的不间断的比较链，使测量结果或测量标准的值能够与规定的参考标准（通常是国家计量基准或国际计量基准）联系起来的特性。

量值溯源体系就是这条有规定不确定度的不间断比较链。

量值溯源等级图，也称量值溯源体系表，是表明测量仪器的计量特性与给定量的计量基准之间关系的一种代表等级顺序的框图。它对给定量及其测量仪器所用的比较链进行量化说明，以此作为量值溯源性的证据。

实现量值溯源的最主要的技术手段是校准和检定。

三、纠正措施

（一）基础概念

纠正是为消除已发现的不符合工作所采取的措施。纠正可以连同纠正措施一起实施。

纠正措施是为消除已发现的不符合工作或其他不期望情况的原因所采取的措施。实验室应制订政策和程序并规定相应的权力，以便在识别出不符合工作和对管理体系或技术运作中的政策和程序的偏离后实施纠正措施。

××××检测有限公司质量手册——纠正措施、应对风险和机遇的措施和改进（文档）

（1）检验检测机构应当在识别出不符合工作，在管理体系发生不符合工作或在技术运作出现对政策和程序偏离等情况时，实施纠正措施。

（2）检验检测机构应针对分析的原因制订纠正措施，纠正措施应编制成文件并加以实施，对纠正措施实施的结果应进行跟踪验证，确保纠正措施的有效性。

（3）检验检测机构应考虑与检验检测活动有关的风险和机遇，以便确保管理体系能够实现其预期结果，把握实现目标的机遇，预防或减少检验检测活动中的不利影响和潜在的失败，实现管理体系改进。

（二）原因分析

纠正措施程序应从确定问题根本原因的调查开始。

（三）纠正措施的选择和实施

需要采取纠正措施时，实验室应对潜在的各项纠正措施进行识别，选择并实施最可能消除问题和防止问题再次发生的措施。

纠正措施应与问题的严重程度和风险大小相适应。

实验室应将纠正措施调查所要求的任何变更制订成文件并加以实施。

（四）纠正措施的监控

实验室应对纠正措施的结果进行监控，以确保所采取的纠正措施是有效的。

（五）附加审核

当对不符合或偏离的识别引起对实验室符合其政策和程序，或符合相关准则产生怀疑时，实验室应尽快依据预防措施的规定对相关活动区域进行审核。

纠正措施的逻辑活动步骤：

发现问题→调查原因→策划行动→实施最能消除问题和防止问题再次发生的措施→监控纠正措施的效果→解决（关闭）。

四、 预防措施

预防措施是为消除潜在不符合工作或其他不期望情况的原因所采取的措施。一个潜在不符合工作可以有若干个原因；采取预防措施是为了防止发生，而采取纠正措施是为了防止再次发生。

预防措施针对的对象：潜在的不符合工作，即尚未发展到不符合工作规定要求的程度，但有这种可能性或发展趋势；其他尚未发生但不希望发生的情况。

预防措施旨在消除潜在的原因。无论是技术方面的还是相关管理体系方面，应识别潜在不符合工作的原因和所需的改进。当识别出改进机会，或需采取预防措施时，应制订、执行和监控这些措施计划，以减少类似不符合情况发生的可能性并借机改进。

预防措施程序应包括措施的启动和控制，以确保其有效性。

（一）预防措施涉及的内容

（1）避免出现不符合或不希望出现的情况。

（2）防止问题的发生。

（3）预防措施可能会引起文件、体系等方面的更改。

（4）预防措施是事先主动确定改进机会的过程，而不是对已发现问题或投诉的反应。

（5）纠正措施可以转化为预防措施。

（二）纠正、纠正措施和预防措施的主要区别

纠正措施和预防措施的程序不一定要分别制订，可以建立一个纠正措施和预防措施程序，纠正、纠正措施和预防措施的主要区别具体如表 5-2 所示。

表 5-2　　纠正、纠正措施和预防措施的主要区别

项目	纠正	纠正措施	预防措施
定义	为消除已发生的不合格工作所采取的措施。通常以对不合格工作进行处置的方式实现（如返工、返修等）	为消除已发现的不合格工作或其他不期望情况的原因所采取的措施	为消除潜在不合格工作或其他潜在不期望情况的原因所采取的措施
特点	是对不合格工作的一种处置，不分析原因，纠正可连同纠正措施一起实施	为消除现在的不合格工作分析原因，防止类似问题再次发生所采取的措施	为消除潜在的不合格工作分析原因，防止问题发生所采取的措施
性质	被动的措施	被动的措施	主动的措施

项目实施

食品检测实验室内部比对

一、目的

通过检测过程质量控制的学习，能够了解检测机构作为检验检测活动的第一责任人，对检测结果负责的重要性，具备通过自主筛查找出实验中存在的问题以保证实验质量的能力。培养实验室内部质量控制的意识；通过小组完成和优化任务，合作提升实验室检测的准确性。

二、分析

某理化实验室，实验员甲在测定食用油酸价，取用 250mL 锥形瓶直接称取 20. 12g 深色芝麻油。加入乙醚-异丙醇混合液 50mL 和 3 滴酚酞指示剂后立刻用装有 0. 1mol/L 氢氧化钾滴定溶液的刻度滴定管对试样溶液进行手工滴定，当试样溶液变为微粉色时，停止滴定，并记录下滴定所消耗的滴定溶液毫升数，随后与单独做同一样品酸价实验的实验员乙比对数据，发现两人独立测定结果的绝对差值较大。重复检测后发现实验员甲的初次实验结果偏高（比对表格示例见表 5-3）。

表 5-3　　人员实验数据比对部分表格示例

测试项目			参加人员		
类　别	□×××× □人员比对 □×××× □×××× □×××× □××××				
样品名称			日　期		
人员比对	人员姓名	测定值	结果判定	判定依据	判定签名

主要监督/监控内容：①环境、设施的符合性及控制情况；②样品登记、制备、标识及取还样情况；③试剂、标准品和消耗性材料的验收情况；④熟悉作业指导书及执行情况；⑤检验规程、标准、作业指导书的符合性；⑥试剂、标准品的配制情况；⑦仪器设备操作、维护或内部校准情况；⑧仪器设备、标准品的期间核查情况；⑨原始记录的填写及数据处理情况；⑩报告的拟制及结果判定情况。

三、实施

(1) 分析实验员甲有哪些不当操作。
(2) 整理正确进行实验的步骤。
(3) 整理实验中的关键控制点，总结实验过程中的注意事项。
(4) 总结质量控制手段及实验室质量控制的必要性。
(5) 小组整理汇报。
(6) 通过小组内互评、组间互评及教师评价三方面对任务结果综合打分。

四、评价

(1) 以小组为单位完成任务，明确小组成员分工。
(2) 根据小组成员参与程度及完成度进行组内互评。
(3) 小组间根据每组完成任务质量进行投票排序。
(4) 教师根据组间互评及任务完成情况综合评价，具体见表 5-4。

表 5-4　　综合评价表

	姓名	得分
组内互评（30%）		
	平均分	

续表

组间互评（20%）			
教师评价（50%）	评价指标	分值	备注
	实验过程分析	10	准确找出错误操作
	实验方案	25	采用正确的方法，明确关键控制点以及注意事项
	汇报情况	15	清晰，明确实验室质量控制的必要性和常见质控手段
实训成绩（满分 100 分）			

思考题

1. 检验过程的质量控制应从哪几个方面进行？
2. 实验室哪些仪器设备需要做期间核查？
3. 期间核查的方法有哪些？
4. 什么是量值溯源？
5. 对比分析纠正措施和预防措施的差异。
6. 简述能力验证的意义。

模块五 在线测试

模块六 实验室安全保障

学习目标

知识目标

1. 了解实验室常见安全事故类型和实验室信息权限分级。
2. 熟悉各种安全作业危害的预防措施和紧急情况处理。
3. 掌握实验室一般安全知识和实验室信息的管理。

能力目标

1. 能够运用安全防护知识进行实验室安全管理。
2. 能够对可能产生的安全作业危害采取预防措施。
3. 能够运用实验室信息管理方法对实验室数据信息档案进行系统管理。

素质目标

1. 树立严谨细致和规范操作的职业素养，能够严格遵守实验室安全操作规范和仪器设备操作手册。

2. 具有公共安全的岗位职责意识，能够防范实验室安全隐患，应对突发事件以及保护实验室信息安全。

3. 培养低碳环保的社会责任意识，能够节约水、电、气和试剂。

案例导入

2021年7月27日，广州某大学二级学院发生一起实验室安全事故。该学院发布通报称，实验室人员在清理毕业生遗留在烧瓶内的未知白色固体，一博士生用水冲洗时发生炸裂。炸裂产生的玻璃碎片刺穿该生手臂动脉血管，所幸无生命危险。这是一起典型的误操作事故，它告诫我们，在实验室不能有半点马虎，实验后立即清洗玻璃容器，实验过程中做好个人防护。

项目一

环境安全管理

一、实验室的安全管理

党的二十大报告提出要提高公共安全治理水平，坚持安全第一、预防为主，加强重点行业、重点领域安全监管，提高防灾、减灾、救灾和重大突发公共事件处置保障能力，加强国家区域应急力量建设。实验室是高校重要的教学场所，实验室安全是实验室工作正常进行的基本条件。统计分析表明，实验室发生设备事故和人身事故往往都是管理不善、措施不力、操作不当或认识不够所致。因此，树立“安全第一”的观念、营造实验室安全工作环境和保护实验室人员的安全，是实验室管理需要解决的首要问题。

（一）实验室安全管理概述

1. 实验室安全的重要性

实验室安全管理工作直接影响实验室的发展速度和规模，影响实验室教学科研的研究成果和水平。分析实验室安全事故的规律，总结安全事故的经验，建立健全安全预防机制，贯彻“预防为主，安全第一”的方针，才能有效地防止实验室安全事故的发生。

化学实验室安全知识绪论（视频）

2. 实验室常见安全事故类型

（1）危险化学品类事故　多发生于化学、生物类实验室。这些实验室在实验过程中使用多种易燃易爆物质，并在做实验时产生各种易燃易爆的物质，而这些实验室使用电源和火源又较多，由于操作不当或违反操作规程，极易引起火灾和爆炸。

常见实验室安全事故（视频）

（2）电气火灾类事故　多由于实验设备陈旧，质量较差，操作人员用电不慎，而引起电气火灾和触电灼伤或电休克等事故。引起电气火灾的主要原因：电线老化短路，超负荷大电流，接触电阻过大，电气设备发生火花或电弧，静电放电产生火花、过载等。

(3) 压力气瓶类事故　易发生的危害：①压力气瓶遇高温或强烈碰撞会引起爆炸；②易燃气体在空气中泄漏达到一定浓度时遇明火会发生爆炸；③有毒气体泄漏能造成中毒和环境污染。

(4) 放射源辐射类事故　对人体的危害比较大，主要有以下几种：①短时间大剂量的射线照射会导致人体机体的病变；②长时间小剂量的射线照射有可能产生遗传效应；③大量吸入放射性物质可能导致人体内脏发生病变。

(5) 人身毒害类事故　多发生于实验人员在实验操作时不了解化学药品的性质、危害性和正确的操作方法造成操作失误而发生的事故。化学药品配制、使用不当引起爆炸或者液体飞溅也可能使人体受到伤害。有些化学药品既有易燃易爆或腐蚀性，同时又有毒害性，事故轻者损伤皮肤，引起皮炎，重者会烧毁皮肤，损伤眼睛和呼吸道，甚至会损伤内脏和神经，造成长期中毒。

辐射安全与防护（视频）

(6) 剧毒药品类事故　①摄入微量剧毒药品即可使人致残或有生命危险；②剧毒药品使用不当会造成环境的严重污染；③剧毒药品丢失或被盗不但会给实验室带来麻烦，而且会给实验室和社会造成重大影响。

(7) 病原微生物类事故　有些病原微生物对人类是致病的，管理不当会对实验人员自身造成伤害，扩散到实验室以外繁殖，将毁灭家畜和农作物，伤害到人类，甚至会造成无法估量的危害。

(8) 仪器设备类事故　仪器设备类事故分为仪器设备伤人事故和设备损坏事故。前者多半是由于操作不当、违反操作规程、缺少防护措施、缺乏保护装置所致。后者是由于错误操作、设备老化、存在缺陷和故障或外来不可抗拒的突发故障（如停电等原因）造成。

(9) 化学污染类事故　主要表现在两个方面：①化学废液收集不当会导致环境及地下水污染；②随意乱倒化学废液、乱扔化学废物，不仅污染环境而且还会伤及无辜。

3. 安全技术的原理和预防原则

(1) 安全技术的原理

①“三 E”措施（又称为“三 E”原则）：所谓“三 E”是指技术（engineering）、教育（education）和管理（enforcement）三个方面。该措施指出，要确保安全工作和防止人为错误造成事故，必须从这三个方面采取综合措施，缺一不可。其中，技术是指要有一个符合安全技术要求的设计，包括工艺流程、操作条件、设备性能、选用材料、施工制造等方面。教育是指要不断提高人员的安全教养。管理不仅是指组织协调，而且是包括以法令、章程、标准、制度等内容在内的制订和执行。

②海因里希法则：海因里希法则是指重伤死亡、轻伤及无伤事故的比例为 1∶29∶300，也称为 330 法则。根据海因里希法则，要消除重伤与死亡事故，就要减少轻伤事故，特别要重视那些平日无所谓的无伤事故，只有这样，才能克服那些麻痹大意，由小事故而引起的重大事故，才能减少事故的重现性。

③“四 M”原则：“四 M”指人（man）、机器（machine）、物料（material）和方法（method）四个方面。通常还包含“E”：环境（environment），也就是人们常说的人、机、料、法、环五大要素。该原则指出，人（包括所有的有关人员）是安全生产的关键；机器、物料或环境都是与安全有密切联系的重要因素；方法则是安全的途径和保障。

（2）预防生产事故的一般原则　危险因素根本消除原则、预防原则、减弱原则、坚固或加强原则、隔离原则、时间防护原则、连锁原则、屏蔽原则、取代原则、警告牌示和信号装置。

4. 安全管理

不论哪种理论和原则都提示我们，全面系统地掌握实验室安全管理的相关知识，不仅有助于实验室人员及相关人员理解和执行国家的有关规定，也是相关人员遵守操作技术规范、避免发生实验事故的基础。

（1）安全管理的要点原则　建立健全安全管理规章制度，实行科学化、规范化管理。

（2）安全管理措施

①建立完善的安全管理机构，是确保实验室安全管理的基础。

②健全安全管理规章制度。制度是做好实验室安全管理工作的保证，实现安全管理科学化就是要使安全工作规范化。安全管理规章制度包括实验室安全管理规则、实验室安全卫生守则、危险化学品管理办法、剧毒品管理办法、放射性同位素与射线装置使用管理规定、实验室安全用电管理规定、特种设备安全使用管理办法、压力气瓶安全使用管理规定、危险化学品废物处理规定等。

③安全检查的主要内容包括随时了解实验室安全情况，每天检查实验室的房屋、水、电、设备状况，危险品存放状态，灭火器、门窗状态等，并做好记录，记录的内容还应该包括存在的隐患和整改措施。

④安全教育是防止事故发生的预防性工作。安全教育的任务就是要不断提高操作人员的安全素养。通过教育，提高各类人员的操作技能，懂得生产过程中不安全因素的所在及如何防止，一旦事故发生，能迅速冷静地去排除事故。

（二）实验室一般安全

1. 化学试剂的安全操作

（1）防止中毒

①一切试剂瓶必须有标签，剧毒试剂必须有专门的使用、保管制度。在使用过程中如有毒试剂撒落时，应马上收起并洗净落过有毒试剂的桌面和地面。

②严禁试剂入口，严禁以鼻子接近瓶口鉴别试剂。

③严禁食具和仪器互相代用，离开实验室、喝水及吃东西前一定要洗净双手。

④使用或处理有毒试剂时应在通风柜内进行，且头部不能进入通风柜内。

通风柜里操作更安全（视频）

（2）防止燃烧和爆炸

①挥发性试剂应放在通风良好的地方，存放易燃试剂应远离热源。

②室温过高时使用挥发性试剂应设法先进行冷却再开启，且不能使瓶口对着自己或他人的脸部。

③在实验操作中若需除去易燃、易挥发的有机溶剂，应用水浴或封闭加热系统进行，严禁用明火直接加热。

④身上或手上沾有易燃物时，不能靠近明火，应立即洗净。

⑤严禁氧化剂与可燃物一起研磨。

⑥易燃易爆类试剂及高压气瓶等，应放在低温处保管，移动或启用时不得激烈振动，高压气体的出口不得对着人。

⑦易发生爆炸的操作不得对着人进行。

⑧装有挥发性试剂或受热分解放出气体的试剂瓶，最好不用石蜡封瓶塞。

（3）防止腐蚀、化学灼伤、烫伤

①取用腐蚀性、刺激性试剂时应戴上橡皮手套；用移液管吸取有腐蚀性和刺激性的液体时，必须用洗耳球操作。

②开启大瓶液体试剂时，须用锯子将石膏锯开，严禁用他物敲打。

③在压碎或研磨苛性碱或其他危险固体试剂时，要注意防范小碎块溅散，以免灼伤眼睛、脸孔等。

④稀释浓硫酸等强酸时需在烧杯等耐热容器内进行，且必须在搅拌下将强酸缓慢地加入水中；溶解氢氧化钠、氢氧化钾等发热固体试剂时也要在烧杯等耐热容器内进行。如需将浓酸或浓碱中和，则必须先进行稀释。

⑤从烘箱、马弗炉等加热设备中取出高温烘干的仪器或试剂时应使用坩埚钳或戴上手套，以免烫伤。

2. 电气设备的安全操作

（1）在使用电气设备时，必须事先检查电气开关、电动机和机械设备的各部分是否正常。

（2）开始工作或停止工作时，必须将开关彻底扣严或拉下。

（3）在实验室内不应有裸露的电线头，不能用它接通电灯、仪器等。

（4）电气开关箱内不准放任何物品，以免导电燃烧。

（5）凡电气动力设备发生过热现象应立即停止使用。

（6）在实验过程中出现突然停电时，必须关闭一切加热仪器及其他电气设备。

（7）禁止在电气设备或线路上洒水，以免漏电。

（8）实验室所有电气设备不得私自拆动及随便进行修理。

（9）有人受到电流伤害时，要立即用不导电的物体把触电者从电线上挪开，同时采取措施切断电流。

电气设备如何操作（小程序）

3. 高压气瓶的安全操作

（1）高压气瓶使用规程

①氧气瓶及其专用工具严禁与油类接触，操作人员不能穿用沾有各

种油脂或油污的工作服、手套，以免引起燃烧。

②高压气瓶必须分类保管，直立时要固定，远离热源，避免暴晒及强烈振动。

③氧气瓶、可燃性气体气瓶与明火的距离应不小于 10m。

④高压气瓶上使用的减压器要专用，安装时螺扣要上紧。

⑤开启高压气瓶时，操作者须站在侧面，操作时严禁敲打，发现漏气须立即停用并修理。

⑥气瓶不得用尽，应留有一定残压。

⑦高压气瓶应定期检验，一般气瓶为每三年检验一次，腐蚀性气瓶每两年检验一次，如发现有严重腐蚀或其他严重损伤应提前进行检验。

（2）高压气瓶的颜色及标志　高压气瓶的颜色及标志如表 6-1 所示。

表 6-1　　高压气瓶的颜色及标志

气瓶名称	外表面涂料颜色	字样	字样颜色
氧气瓶	天蓝	氧	黑
氢气瓶	深绿	氢	红
氮气瓶	黑	氮	黄
氯气瓶	草绿	氯	白
压缩空气瓶	黑	压缩空气	白
二氧化碳气瓶	黑	二氧化碳	黄
乙炔气瓶	白	乙炔	红
其他可燃性气瓶	红	（气体名称）	白
其他非可燃性气瓶	黑	（气体名称）	黄

4. 实验室玻璃器皿的安全使用

高压气瓶知多少（图片）

实验室的许多小事故都是由于粗心使用玻璃仪器引起的，使用玻璃仪器必须注意以下几点。

（1）在容易引起玻璃器皿破裂的操作中，如减压处理、加热容器等，要戴上安全眼镜。

（2）用“柔和”的本生灯（Bunsen）火焰加热玻璃器皿，可避免因局部过热而使玻璃破碎。移取热的玻璃器皿时应戴上隔热手套。

（3）不要使用有缺口或裂缝的玻璃器皿，这些器皿轻微用力就会破碎，应弃于破碎玻璃收集缸中。

（4）持取大的试剂瓶时，不要只取颈部，应用一只手托住底部或放在托盘架中。

（5）连接玻璃管或将玻璃管插在橡胶塞中时，要戴厚手套。

（6）瓶塞不要塞得太紧，否则难以再度开启。

（三）实验室常用安全标识

标识连连看（小程序）　　门口信息牌内容讲解（视频）

1. 指示标识

指示标识如图 6-1 所示。

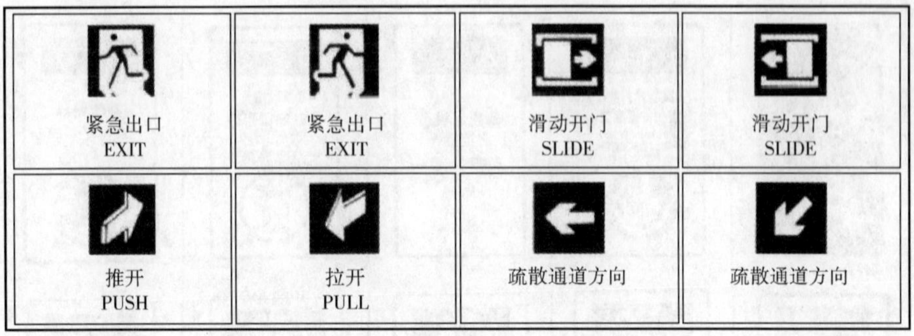

图 6-1　指示标识

2. 禁止标识

禁止标识如图 6-2 所示。

图 6-2　禁止标识

3. 警告标识

警告标识如图 6-3 所示。

图 6-3　警告标识

4. 安全标识

安全标识如图 6-4 所示。

图 6-4　安全标识

二、 实验室的安全防护设施

实验室的安全防护设施主要包括实验室的防火、防爆、防雷、防静电、防振以及电磁屏蔽等。在某些类型实验中，会接触到危险药品、煤气、电气设备及贵重器皿等，因而存在一些潜在的不安全因素，如果在研究中和在实验程序进行中，采取适当的措施，意外的危险是可以避免的，实验的进行可以达到完全安全的程度。因此，每位实验人员必须高度重视安全工作，了解实验室建筑物的防护设施，了解实验室的安全注意事项，熟悉仪器、设备性能及使用方法，严格遵守操作规程，确保实验室的安全及实验程序顺利进行。

火灾的分类（视频）

（一）防火

建筑设计在进行方案设计时就应当考虑消防设计，在建筑物遇到火灾时如何分散，提供及时的火灾报警和及时的扑救措施。在分散路径上要进行排烟等措施，建立由水喷淋系统、烟感报警、防火分隔区及耐火建筑结构组成的消防整体系统。

1. 基本知识

火，就其化学本质而言，是一种伴有发光与放热现象的连锁反应。起火时必须存在的三个要素是：可燃体（转化为活性物质）、助燃体（空气、氧或其他氧化剂）、适宜的温度（达到或超过燃点），这三个要素缺一不可。在实验室的多数严重事故中，火灾是最普遍的起因之一。化学实验中的有机溶剂几乎都是易燃物质，有些是极端易燃的，例如气体中的氢、乙炔以及轻质的碳水化合物，这些气体或溶剂蒸发的烟雾若与适量的空气混合，就容易发生爆炸的危险。因此，在化学实验室中首先要分清易燃物质的等级，并分别制订预防事故的措施。

有的有机化合物由于在氧化反应过程中热量被累积起来而使温度升高，如果有足够起氧化作用的空气而没有足够的通风将热扩散，温度将继续升高，会因加速氧化反应的进行而产生更多热量，最终引起燃烧。这种燃烧并不需要任何火种（如火焰、电火花或电热丝等）的接触，称为自燃。物质自燃所需的最低温度称为自燃点。例如二硫化碳的自燃点是100℃，在设计时即使是蒸汽管道也应远离它。又如乙烷的自燃点是180℃，设计上应避免将电加热器等与之靠近，否则也会发生严重事故。在设计中，这类化学实验也须在防护罩内进行。

可燃液体的易燃性，常用闪点和燃点两个特征表示。

闪点——可燃液体蒸气与空气形成混合物后和火焰接触时闪火的最低温度。

燃点——可燃物体接触火焰时燃烧的最低温度。

如果溶剂的闪点在常温（25℃）以下时，应列为一级溶剂。一级溶剂包括醚、苯、甲醇、乙醇、丙酮、石油醚、乙酸乙酯等。

2. 实验室的防火措施

（1）实验室的火焰口装置应远离易燃溶剂。放置这类易燃物品的房间内不能有煤气嘴、酒精灯以及有电火花产生的任何电气设备。不要增强这种实验室的通风效果。进行实验要在防护罩内操作。

预防火灾的基本措施（视频）

（2）重结晶试验应在蒸汽浴中进行，或在电热板上进行。二硫化碳及乙醚应在防护罩内进行，或采用凝结器以收集沸腾的蒸发气体。应使用锥形烧瓶来做重结晶试验，绝对不可用烧杯。

（3）回流蒸馏器必须严密装紧。回流冷凝器的上端或蒸馏器的接收器必须有开口与空气相连。要使用燃罩、电热板或蒸汽加热，不要使用明火。

（4）从储存溶液的房间中取出溶液运到其他实验房间时，其容器必须密封好。不可将溶液放置在实验室的上部架上或柜中。

（5）化学品储藏室内不可进行实验工作。实验室内也不可以储存大量化学药品。

（6）实验室内必须避免产生电火花，所有电气设备开关、电插座等必须密封，使电火花与外部空气隔绝。装化学溶液的金属容器，其金属外壳要接地。金属器具与混凝土地面相撞击也会产生火花，若易燃液体溅到地面上，这一点火花也可能发生危险的火灾。

（7）冰箱内不应放置盛装溶液的无盖容器。

（8）实验室内不准吸烟。

（9）有明显火灾危险的实验应准备好灭火装置，备好石棉布等。这种实验室还应有淋浴设备。

（10）有些自燃物质应放置在防火防爆储藏室内，如碱金属等，应存储在纯煤油或矿油中。

（11）一般的灭火措施、灭火器等应装在实验室门口外面附近处，要便于取用。要有简便的报警设备，如烟感报警器、温感报警器等。

（12）如果实验室内有可燃的或因加热而分解的产品，在日光能照射进房间的实验室内必须备有窗帘，并须注意在日光能照射到的区域内不放置烧瓶及加热时能够着火的一切产品，也不要放置加热时易于蒸发的物质。

3. 实验室灭火

灭火器（视频）

有些实验室由于工艺上的需要，使用很多精密设备、仪器、仪表和其他较贵重的器材，有的实验室电气设备较多，在消防时，不适于用水消防或要求灭火剂对这些器材设备尽可能不产生沾污和腐蚀作用。因此，室内除设置普通消防给水系统外，还应考虑设置一些二氧化碳灭火剂、四氯化碳灭火剂、干粉灭火剂或卤化物灭火剂装置等消防设施。尤其是干粉灭火剂和卤化物灭火剂装置的灭火性能较好，特点是适用范围广、效率高、灭火快、无腐蚀性，灭火后对精密仪器、仪表、半导体器件、电器等没有污染，可广泛用于特种危险场所和特殊设备的灭火，也适用于实验室、资料室等的灭火。在有贵重器材的实验室局部发生火灾时，通常宜用干式消防予以扑灭以减少损失，上述这些小型的局部消防设备可作普通消防、自动喷洒和水幕消防等设备的辅助灭火工具。

消防栓（视频）

灭火毯（视频）

（1）灭火　凡能达到下列目的，使燃烧链反应受到抑制或中断者，均有可能用作灭火剂。

①抑制活性基团的生成，使链反应中断。例如碳酸氢钠或碳酸氢钾干粉灭火剂，卤代烷灭火剂等。此类灭火剂一般致效较快。

②将可燃体稀释，使活性物质浓度降低，或将燃烧物与尚未燃烧的物质隔离，使火源孤立，从而使燃烧反应中断，不使火势蔓延。例如水对水溶性可燃液体有稀释作用，高压水流将燃烧物冲散，及时将燃烧物从燃烧区抢出等。

③隔绝空气或通过稀释作用使空气中氧浓度降低。通常当燃烧区空气中氧浓度降至12%以下时，可使常遇可燃物的火焰窒息。例如水在转化为水蒸气后将空气中氧的浓度冲稀，泡沫或二氧化碳灭火剂可在燃烧物表面形成覆盖层而使之与空气隔绝，干粉灭火剂遇热分解所形成的产物（二氧化碳与水蒸气）也可使燃烧区空气中氧的浓度降低，三甲基硼氧六环（一种专用于扑灭镁、铝、镁铝合金、海绵状钛等轻金属火灾的无色油状液体）则可在遇到燃烧的金属

时分解生成熔融状态的氧化硼覆盖于金属表面，从而使燃烧物与空气隔绝。用碳酸钠或干沙覆盖燃烧的金属钠、钾，也可起到隔绝空气的作用。

④冷却，使燃烧物温度降至燃点以下，或减少火焰对尚未起火的可燃物的热辐射。例如水、泡沫灭火剂析出的液体，干粉灭火剂在遇热分解时也可吸收燃烧区的热量。

（2）灭火剂　灭火剂与灭火器种类较多，主要有化学泡沫灭火剂、二氧化碳灭火剂、干粉灭火剂、卤代烷灭火剂、水及其他灭火剂等几类，用这些灭火剂可制成相应的灭火器。化学泡沫灭火剂由发泡剂、泡沫稳定剂与其他添加剂（如助溶剂、降黏剂、抗冻剂、防腐剂等）组成。

我国现用化学泡沫灭火剂主要有两类。

①YP 型化学泡沫灭火剂：以十八水合硫酸铝（内药）与碳酸氢钠（外药）为发泡剂，以水解蛋白为泡沫稳定剂（渗在碳酸氢钠中，占碱性粉量 8%~15%）。

②YPB 型化学泡沫灭火剂：以十八水合硫酸铝（内药）与碳酸氢钠（外药）为发泡剂，另加氟碳表面活性剂、碳氢表面活性剂。

干冰是对 B 级火灾特别有效的常用灭火剂，干冰灭火器要经常检查更新。二氧化碳灭火剂在实验室中使用也很有效，但它对人有窒息感。泡沫灭火器太笨重，不适用于有电气设备的地方或由电所引起的火灾。四氯化碳以及同类型的灭火剂，只能用于空旷的地方，因这一类氯化物遇热会分解而产生毒性化合物。四氯化碳绝对不可用于有碱金属的地方，因它会引起爆炸反应。小面积火灾可用沙类灭火。

实验室里常会发生工作人员的工作服着火。为了应付这类危险，每一实验室应该有一个淋浴设备和救火用的石棉毯子。用毯子卷在身上，可以迅速将火熄灭。

水的比热容和蒸发热都很高，具有很好的灭火性能，但对实验室内的灭火有许多缺点，它会损坏仪器设备和实验室的家具，不适用于燃烧液体，因它会促进燃烧着的液体蔓延开来。

（3）常用灭火器的种类和用途

①清水灭火器（比较常用）：适用于扑救可燃固体物质火灾，即 A 类火灾（固体火灾）。但水不适用于燃烧液体和电气类火灾、气体火灾、部分碱金属火灾。清水灭火器如图 6-5 所示。

图 6-5　清水灭火器

②泡沫灭火器（比较常用）：包括化学泡沫灭火器和空气泡沫灭火器两种，泡沫灭火器适合扑救脂类、石油产品等 B 类（液体）火灾以及木材等 A 类物质（固体）的初起火灾，但不能扑救 B 类（液体）水溶性火灾，也不能扑救带电设备及 C 类（气体）和 D（金属类）火灾。化学泡沫灭火器内装有酸性和碱性两种化学药剂的水溶液，如图 6-6 所示。空气泡沫灭火器充装的是空气泡沫灭火剂。

③酸碱灭火器：是一种内部装有 65%工业硫酸和碳酸氢钠水溶液作灭火剂的灭火器

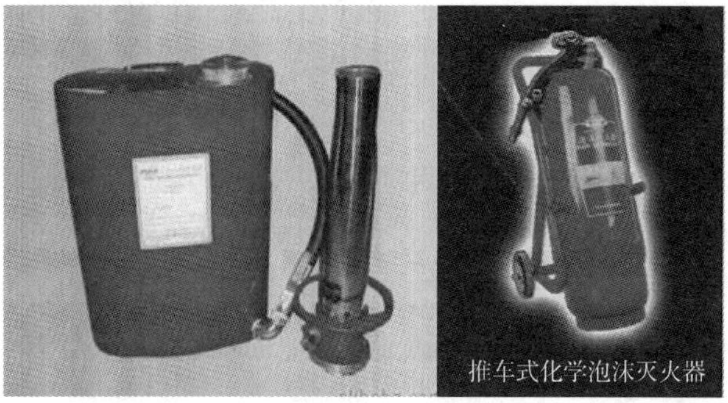

图 6-6　化学泡沫灭火器

图 6-7　酸碱灭火器

(图 6-7)。该类灭火器适用于扑救 A 类物质（固体）的初起火灾，如木、竹、织物、纸张等燃烧的火灾。它不能用于扑救 B 类物质（液体）燃烧的火灾，也不能用于扑救 C 类（气体）或 D 类（金属类）火灾，同时也不能用于带电场合火灾的扑救。

④二氧化碳灭火器：利用其内部充装的液态二氧化碳的蒸气压将二氧化碳喷出灭火的一种灭火器具，其利用降低氧气含量，造成燃烧区窒息而灭火，如图 6-8 所示。当氧气的含量低于 12%或二氧化碳浓度达 30%～35%时，燃烧中止。1kg 的液体，在常温常压下能生成 500L 左右的气体，这些足以使 1m^2 空间范围内的火焰熄灭。由于二氧化碳是一种无色的气体，灭火不留痕迹，并有一定的电绝缘性能等特点，因此，更适宜于扑救 600V 以下带电电器、贵重设备、图书档案、精密仪器仪表的初起火灾，以及一般可燃液体的火灾。

图 6-8　二氧化碳灭火器

⑤干粉灭火器（灭火种类范围最广，最常见）：干粉灭火器以液态二氧化碳或氮气作动力，将灭火器内干粉灭火剂喷出进行灭火，如图 6-9 所示。该类灭火器主要通过抑制作用灭火，按使用范围可分为普通干粉和多用干粉两大类。普通干粉也称 BC 干粉，是指碳酸氢钠干粉、改性钠盐、氨基干粉等，主要用于扑灭可燃液体、可燃气体以及带电设备火灾；多用干粉也称 ABC 干粉，是指磷酸铵盐干粉、聚磷酸铵干粉等，它不仅适用于扑救可燃液体、可燃气体和带电设备的火灾，还适用于扑救一般固体物质火灾，但都不能扑救轻金属火灾。

图 6-9　干粉灭火器

⑥七氟丙烷灭火系统：具有清洁、低毒、电绝缘性好，灭火效率高的特点，特别是它对臭氧层无破坏，在大气中的残留时间比较短，其环保性能明显优于卤代烷灭火器，是目前为止研究开发比较成功的一种洁净气体灭火剂，被认为是替代卤代烷 1301、1211 灭火器的最理想的产品之一。七氟丙烷灭

火系统适用于以全淹没灭火方式扑救电气火灾、液体火灾或可熔固体火灾、固体表面火灾、灭火前能切断气源的气体火灾，保护计算机房、通信机房、变配电室、精密仪器室、发电机房、油库、化学易燃品库房及图书库、资料库、档案库等场所。七氟丙烷自动灭火系统一般常见的有管网式、柜式、悬挂式，这三种属于内储压七氟丙烷自动灭火系统，其输送距离在30m以内，还有一种是外储压七氟丙烷自动灭火系统，其输送距离可以达到150m。

七氟丙烷自动灭火系统的主要特点有：灭火效率高；洁净环保，在大气中完全汽化不留残渣；经济实惠；良好的电气绝缘性；适用于有人工作的场所，对人体基本无害；携带方便，便于操作（图6-10）。

图6-10　七氟丙烷灭火系统

（二）防爆

1. 实验室的起爆原因

当一种化学反应能很快使压力急剧增大以致冲破容器时，就发生爆炸。压缩气瓶等压力容器，由于温度升高而使受压气体膨胀也会发生爆炸。撞击、摩擦、加热和电火花都是发生爆炸的原因。爆炸时产生的气浪以超声速传播，产生冲击波，以致引起更大的爆炸。破坏房屋和导致工作人员死亡的剧烈爆炸在实验室内尚少见到，但微弱的爆炸则是常有的现象。

醚或烯烃长时间暴露在空气中时可能形成易爆炸的汽化物。许多蒸馏醚的过程中都曾发生过爆炸。重金属、乙炔和叠氮化合物都是高爆炸物。若有氮碘化合物存在时，极轻的触动都会引起爆炸。

其他氧化物如过氧化氢、过氧化钠、高锰酸钾、浓硫酸、盐酸、铬酸、四氧化氮、乙炔氧化氮，某些反应剂与氧化物结合都能构成爆炸物。液体氧、液化空气或气体氟与有机物接触时也会引起自发性爆炸。用液氮冷却，除非气压在75MPa以下。

各种化学反应过程引起爆炸可能有以下几种：氮化、氧化、凝结、还原、金属氢化物的聚合作用（其他如丁二烯、丙烯醛、丙烯酯等可以在某种介质的引爆下自发地爆炸聚合，这种介质也可能是一粒小小的任何杂质，液体的乙炔也如此）。某些原来是缓慢进行的反应过程也可以由于加入催化剂而使爆炸加速。

在试验中不可避免地会遇到爆炸性反应，要采取必要的措施以减少灾害，措施如下：

（1）确定灾害的等级。

（2）先用小剂量进行不能确定的试验，然后逐步加大。

（3）稀释有爆炸危险的液体以减轻可能发生的灾害。

（4）在实验室中安装必要的设备，以便有效地控制温度和冷却水等。加热器的下面要留有余地，以便撤离或加大热源的距离。最好用水浴加热，绝不能直接用火加热。

（5）易爆炸化合物不宜储存在实验室内，而且要把一切残渣加以销毁。

（6）装置安全防护板，人在板外操作。

（7）电气设备的安装应按GB/T 3836.1—2021《爆炸性环境　第1部分：设备　通用要求》确定防火防爆等级，选择相应等级的防爆电气设备。

2. 实验室环境防爆措施

（1）排除火源、热源，防静电与防雷　防爆实验室内严禁烟火，室内温度一般不应超过30℃，高温季节不应超过35℃。

（2）通风　防爆实验室内通风良好，易爆装置应设于当地全年主风向的下风侧，操作人员则应站在上风侧。为了防止挡风，应将高大的装置设于房间中央。

实验中所用的易燃液体，如闪点低于室温，必须采用机械通风，以避免形成爆炸性混合气体；如闪点高于当地暑季最高气温，可仅用自然通风，但应有足够的排风量。在进行易燃液体操作中，应注意检查通风的效果，常可用测爆仪或可燃气体浓度测定仪来监测工作场所中易燃液体蒸气的浓度。

（3）设置自动保护装置　在有粉尘爆炸危险的场所，可设置自动保护装置，利用粉尘爆炸感应期较长的特点，在爆炸压力尚未达到危险程度之前，设法将爆炸限制在较小的范围内。

（4）加强防爆监测　在有可能形成爆炸性混合气体的工作场所，应该用仪器监测空气中的可燃气体浓度，以便早期采取措施，防止产生事故。

通常所用的各种可燃气体浓度测定仪（或称防爆测量仪）大都具有下列特点：

①机体小，轻巧便携。

②测试气体种类多，适用范围广。

③测定快速，可在数秒至数十秒之内显示结果。

④除用表头显示被测气体危险程度外，还设有声、光报警装置作为辅助显示信号。

⑤可用于测定空气中可燃气体的含量，也可对管道、接头、阀门、储罐等处进行检漏测试。

⑥由于仪器测量对象是多种易爆气体，所以其结构应能满足各种危险场所的防爆

要求。

该仪器采用铂丝催化元件作为传感件，可测氢、乙烷、环己烷、乙炔、苯、汽油、甲醇、乙醇、醚类、酮类、酯类等30种可燃气体（蒸气）及它们任意比例的多种混合气，测量范围为0~120%爆炸下限（LEL），报警启动值20%LEL。

该仪器的使用方法如下：

①对表头进行机械调零。

②将取样管和吸气球分别接于仪器两侧的连接嘴上。在现场外挤捏吸气球数次，使气路内充满新鲜空气。

③按下电压键、电源按钮。旋动调电压的电位器，使表头指于100±5格范围内。此时应有声、光信号出现，表示报警电路开始工作。

④按下测量键，旋动调零电位器，使表头指于20格，检查报警启动值，并用“报警调节”微调电位器加以校正。将表头调零准备测量。

可燃气体浓度测定仪的使用方法（视频）

⑤测量时按下测量键，将取样管伸向待测处，挤捏吸气球3~5次，使气路内充满待测气体。按下电源按钮，等表针稳定地停留在摆动后的最大值时读数。若表针右摆后迅速回至零位或零位左侧，且复测后仍然如此，表明待测气体浓度LEL已超标，即所测场所处于危险状态。

3. 实验室设备防爆措施

（1）发热设备应采取加强散热的措施，以降低表面温度，避免引起事故。对于在正常条件下较稳定的交换剂，仍应防止因过热引起燃、爆危险。

（2）对于产生可燃气体或蒸气的装置，应在其进出口处安装阻火器。室内应加强通风排气，以使爆炸物浓度控制在爆炸下限以下。

（3）设备内部若充满易爆物，则应采用正压操作，并设压力报警器，正压消失时可自动报警。

（4）物料倒流可能致爆或压力过高会引起分解产生爆炸的设备都应设置压力保护装置。

（5）有爆炸危险性的设备（如带易燃溶剂的球磨机），可使用抑爆剂，或在设备（或管通系统）内设置防爆膜和泄压阀。

常用抑爆剂为：氮气、二氧化碳、卤代烷烃，必要时可用氩气。将上述惰性气体充灌设备，与空气隔绝，往往能收到较好的防爆效果。防爆膜也称爆破片或爆破板。当设备体系达到预定的压力、温度或发生爆炸时，防爆膜首先遭到破坏，可将爆炸压力释放，使设备不被爆破。防爆膜具有结构简单、密封性好等优点，可以单独使用，也可与安全泄压阀组合使用。膜片只能使用一次，当爆破后，应予更换。常用防爆膜材料为金、铝、铜、银等。压力较低时，可用铝、尼龙、石棉、橡胶等材料。

泄压阀也可以起到较好的防爆效果，例如高效液相色谱仪也应设置泄压阀或其他类型压力释放保护装置，如遇管路发生故障，可及时将高压下的易燃液体排出设备体系，并由废液承接器承接，从而可避免产生爆炸事故。

（6）对于有爆炸火源的装置，可设置抑爆系统，由爆炸压力波探测器、信号放大器和抑爆剂发射器等部分组成，利用爆炸波传播速度比火焰传播速度快约 10 倍的特点，使抑爆剂及时喷出，从而将爆炸抑制在较小的范围内。

（7）必要时，应在设备中安装阻火器，以防火焰向其他部分扩展。在玻璃管中嵌入铜丝网，也可起阻火作用。

4. 实验室操作中防爆措施

（1）仪器的要求

①器壁应坚实，材质均一，具有足够的强度，无划痕瑕疵，无微孔、微观裂缝或小气泡。

②尽可能采用球形器皿。进行减压蒸馏，应采用克氏蒸馏瓶，用圆底烧瓶（或抽滤瓶）作接收器，不得用平底烧瓶蒸馏或用锥形瓶接收。烧瓶的坚固性次序是：圆底烧瓶>平底烧瓶>锥形瓶。

③真空装置的玻璃器皿在使用之前，应做检查（如用偏光镜）。根据安全操作的需要，设置压力调节阀或安全阀。

④应使用在碰撞、摩擦时不会产生火花的工具，如铜锤、木槌、铜扳手等，禁止使用铁制工具。

⑤使用高压气瓶时，必须严格遵守《高压气瓶安全操作规范》。

⑥高压釜、氢化釜等有爆炸危险性的高压设备，必须设立专门的防爆操作室，操作时应采取严格的安全措施。

⑦对于高效液相色谱仪等使用多量易燃液体的仪器，应采取必要的防火、防爆措施。仪器台数较多时，应设专室操作。

⑧对于有爆炸危险性的仪器，应使用安全罩保护，常用金属或塑料（如有机玻璃）制作，可取板状、块状或网状。在仪器与操作者之间应酌情设置防护屏。

高压气瓶安全操作规程（图片）

⑨在仪器上加设泄压装置，当内部压力达到一定数值时，泄压装置可首先遭受破坏，将高压气体泄出，以免仪器炸裂时炸伤人体。泄压装置不得对向操作者。

（2）安全操作

①工作人员应穿防静电鞋。不准穿带铁钉、铁掌的鞋子。避免穿着化纤织物的衣服。座椅不宜用人造革制造。入室前应踩接地踏板。同时操作人员应熟悉所使用物质的爆炸危险性质、影响因素与正确处理事故的办法，了解仪器结构、性能、安全操作与防护要求。操作者应酌情使用个人防护用品，如防护眼镜、防护面罩等。

②在实验前，应对仪器进行周密检查，性能正常，方可使用。对于乙醚等试剂，在进行回流或加热之前，应检查是否有过氧化物存在，如有，应先除去过氧化物，方可使用。

③操作时，危险物的用量应尽量减小，只要不妨碍正常操作，并足以获得可靠的实验结果即可。

如何做好个人防护（视频）

④操作易爆炸危险性物质时，不得使用磨口玻璃瓶，以免由于启、闭磨口塞而引起爆炸事故。可以使用软木塞、橡皮塞或塑料塞，且应洁净。

⑤操作点周围应无明火。易燃液体严禁用明火、电炉直接加热。在通风柜内进行爆炸危险性工作，应采用安全玻璃或有机玻璃为窗户材料。

⑥干燥易爆炸危险性物质时，不得关闭烘箱门，且宜使用氮气等惰性气体保护。

⑦仪器的受热部分或管道，如需通入可燃气体，应先用惰性气体将内部空气驱尽，方可通入。实验完毕时，应先用惰性气体将可燃气体驱尽，方可允许空气进入。不得直接向受热部分通入可燃气体，或用空气驱除可燃气体。

⑧向气量计充入新气体，或当气量计内气体性质不明时，均应换水。

⑨进行气相反应时，应注意各种因素的影响，以防产生爆炸。例如：光可使氯与氢、甲烷等剧烈反应并产生爆炸；低压可使磷化氢与氧骤然产生爆炸。其他如杂质、容器材料使用不当等均可能引起爆炸事故。特别应注意水和玻璃的影响，例如在完全无水的条件下，将氢气与氧气混合，即使在1000℃高温下也不会爆炸。在无玻璃的镁质容器中，氢与氟在较低温度时不反应。但当水（或玻璃）存在时，上述反应即可进行。

⑩下列物质不得进行混合，以防产生爆炸：高氯酸与乙醇、甘油、次磷酸盐、乙酸酐；高氯酸盐与浓硫酸；氯酸盐与硫、硫化物、磷、氰化物、硫酸、铝、镁；硝酸盐与铝、镁、磷、硫氰酸钡、酯类、氯化亚锡；三氧化铬与甘油、硫、有机物；过硫酸铵与铝粉（有水存在时）；铁氰化钾、卤族元素与氨；硝酸铵与锌（有水存在时）；亚硝酸盐与氰化钾；硝酸与磷、噻吩、碘化氢、镁、锌、钾、钠；过氧化物与镁、锌、铝；液态空气（或液氧）与有机物；压缩氧气与油脂；发烟硫酸（或氯磺酸）与水；发烟硝酸与乙醚；次氯酸钙与有机物；卤族元素与铝粉（有小量水）；液氨与汞。

乙醚、异丙醚、丁醚、甲乙醚、四氢呋喃、二氧六环等物质容易吸收空气中的氧，形成危险性过氧化物，受热、振撞时，可产生极强烈的爆炸。在操作时，应高度注意安全。

（三）防静电

两种性质不同的物质在相互摩擦或在接触面的相对运动时都可能产生静电。分析化学实验中常使用各类不同的钢瓶气体，使用各种不同的有机试剂，采用过滤、萃取、搅拌等不同的化学处理，以及在粉碎、筛选、研磨等制样过程中都可能产生静电以及静电带来的危害。静电的危害不仅使人身安全和仪器设备安全受到威胁，而且影响到分析检验的质量。例如高纯痕量分析由于静电的吸引和污染，使试验的空白值增大，光谱的摄像感光板有可能受到静电影响而产生静电斑痕。因此，分析试验人员一方面要了解防静电的知识，按照操作规程进行试验，另一方面要了解实验室内的防静电设施，例如精密仪器的导电体接地等十分有益。

1. 静电的危害

（1）人体遭受电击　电击主要是由高压电容因火花放电在人体内流过脉冲电流所致。但因人体对脉冲电流很敏感，最小感知电流值很小，电击时的冲击严重，易因惊慌失措而出事，在受击时还可并发其他危害症状。因此，尽管静电电击一般不会引起生命危险，在操作时仍应注意避免发生人身事故。

（2）静电放电引起的燃烧爆炸事故　静电电场强度超过物体附近电介质的绝缘击穿电场强度时，即可产生放电。空气、纸、纤维等较易击穿并引起放电。当静电放电时所产生的能量超过爆炸性混合物（可燃气体、可燃蒸气或粉尘）的最小点火能量时，即可引起燃烧爆炸事故。能量在火花放电时完全足以点燃大多数可燃气体或蒸气，引爆火源。因此，在有苯、二甲苯、甲苯、二硫化碳、乙醚、石油醚等易燃液体以及氢、乙炔等可燃气体的场所，应采取严格的防静电措施。

（3）妨碍正常操作，产生静电斑痕　在分析实验室操作中，尤其在高纯金属痕量分析中，若产生静电积聚，由于库仑引力的作用，可引起灰尘杂质的吸附，从而导致实验室环境沾污、化学试剂的污染以及分析用的器皿的污染等，这些影响均可以成为实验空白的来源。在痕量分析中由于空白值较高将会影响方法的检出限和精密度，也会影响仪器的检测功能，妨碍仪器的正常工作。

2. 产生静电的途径

（1）摩擦起电　这是静电最常见的产生途径。当两种性质不同的物体在紧密接触并使之迅速分离时，由于相互作用，带电载流子（电子或离子）自一物体转移至另一物体。这一现象可分为接触与分离两个阶段。在接触阶段，界面处形成极性相反电荷量相等的双电层，但从外部看不出来。当物体分离后，正、负电荷就独立存在，并随着静电容量的减小而电位升高。由于电荷的泄漏，使带电量有不同程度的减少。电荷可通过物体表面及内部扩散、场致发射或气体放电等途径向外泄漏。除了摩擦外，还可通过撞击、剥离、撕裂、拉伸等引起带电。在摩擦时真正的接触面积只占表面接触面积的很小一部分。同种物质在温度不同时，相互摩擦也可产生静电。

（2）吸附带电　物质在吸附自由电子、离子时，也可带电。

（3）感应带电　电导体表面在附近带电体感应作用下可产生极性相反的电荷。

（4）极化起电　例如绝缘体构成的容器在装有带静电的物体时，其外壁可因分子受到静电极化作用而产生静电。

3. 防静电的基本原则与方法

（1）减少摩擦，控制静电的产生

①减少摩擦或避免相互接触：例如在有可燃气体、易燃液体的工作场所，搬动、运输和使用时尽量避免相互接触。

②控制气体、液体的流速：液体的流速越大，则越易产生静电。层流时，静电量与流速成正比；紊流时，则与流速的 7/4 次方成正比。故在输送易燃或可燃液体时宜采用口径较大的管道，以降低流速。液体的电阻率大时，则流速应小。

③合理选材：过滤或筛选易燃、可燃液体所用的设备，易燃、可燃液体的输送管道，宜选用带电极性与液体相近的物质作为构制材料，避免使用聚乙烯、聚氯乙烯等作为管道材料，以免引起事故。

（2）促进静电泄漏或逸散

①用导电体接地：将静电泄入大地，不使其产生积聚，是最常用的防静电方法。静电屏蔽的基本原理见本节电磁屏蔽部分。由于静电压较高，可以使用稍大的接地电阻，

又因总静电量并不很大，接地线不一定要很粗，但接地装置必须有良好的电气连接与足够的强度，不易松断，以防带电金属体在悬空时发生火花放电，故仍应对静电接地体规定技术要求。通常，为了防止电气设备漏电或考虑到避雷安全，接地电阻不宜大于10Ω。接地导线为横截面积不小于25mm^{2}的绝缘铜绞线。为了避免导线擦伤或被腐蚀，宜用绝缘被覆线。

有爆炸性危险的工作场所，宜用导电材料铺地（如导电橡皮板等）或采用导电性良好的混凝土地板，以泄除人体静电或其他物体所带的静电荷。导电地面表面不得使用油脂和蜡，接地电阻应不大于10Ω。

②在材料内加入导电（或防静电）添加剂：例如在橡胶、塑料中加入一定量炭黑、石墨粉、金属粉，使之成为导电橡胶、导电塑料，但接触处的接触面积不宜小于10cm^2；在苯中加入少量油酸镁等类脂肪酸金属皂；在煤油中加入4%～10%浓度级的抗静电剂等。

③在材料表面使用防静电添加剂：可使材料（如橡胶、塑料、化纤、有机液体）表面带亲水性，以降低表面电阻，使静电易于逸散。

④提高（或控制）环境空气的相对湿度：空气中相对湿度低于10%时，容易产生静电积聚。相对湿度超过70%时，物体表面常可形成吸附水膜，使纤维的带电量减少。例如在用筛网筛选聚氯乙烯粉时，使空气相对湿度提高至约80%，即可防止筛孔堵塞。

⑤使材料表面直接亲水化：通过化学反应，将亲水基团接枝于塑料表层分子，使塑料表面获得亲水性，从而降低表面电阻，减少或防止静电积聚，可获得比在塑料表面喷涂防静电剂更好的防护效果。

（3）使空气离子化，静电中和法　此法可使空气电阻率降低，便于泄逸静电。通常可用感应式消电器或高压式（直流或交流）消电器，使空气电离，产生电晕放电，将物体表面积聚的静电中和。消电器的位置应选择恰当。高压式消电器对电位较低的带电体也有效，但当在有爆炸危险性的工作场所使用时，应采取防爆措施。此外还可用吹送电离空气（称“离子风”）或采用放射性核素进行消电。

（4）屏蔽　如用接地的金属网（或板）屏蔽带电体，不使静电影响外界，常可防止形成火花放电。采用金属容器储装易燃液体，或用金属管道输送可燃气体或易燃液体，并将金属容器、管道妥善接地，往往也可收到较好的屏蔽效果。

（5）惰性气体保护　在操作可燃粉尘或易燃液体的容器中，通入不助燃、不着火、不爆炸的惰性气体，如氮气、二氧化碳、二氟一氯一溴甲烷、三氟一溴甲烷、氩气等，将空气隔绝，可以防止产生静电火花，避免引起燃烧、爆炸事故。

（6）加强静电电压监测　为了防止因静电放电起火而造成事故，对于要求防静电的工作场所，应注意加强静电电压的监测。通常可用各种类型的静电测试仪来测量。例如：便携式手枪型JFY-VR-2型静电测试仪，可用于快速测定各种不良导体表面所积聚的静电。仪器系由传感电极、微电荷放大器及电源三部分构成。测量时，将仪器套管前端电极对向被测物表面，电极因静电感应而产生电荷，由微电荷放大器进行电流放大，并由仪表指示，根据表头指示值与量程倍率即可测出被测物体表面的静电电压值。测量时，应严格控制电极至带电体表面的距离。仪器与使用场所之间应无显著的温差，否则会因水汽结露而影响测定的准确度。使用场所如有粉尘或飞絮，也可因吸附而影响测定结果。此仪器也可用来测定物体的绝缘电阻，从而可预测在使用过程中可能产生的静电量。

（7）静电斑痕的预防

①尽可能选用有防静电性能的胶片。

②带电胶片附近不得放置金属或电阻率低于 108Ω · cm 的其他静电导体，也不使其与其他胶片接触。

③胶片宜用绝缘物包护，以防引起电晕放电。

④凡需要接触或靠近的金属物或其他静电导体，形状应与胶片相似，且应平行放置，以使形成平行的电力线，防止电荷集中。导体表面应光滑平整，不得有尖棱瑕疵。

⑤摄影用具应保持洁净，防止尘埃沾污。

⑥必要时可使胶片带正电（因为带负电的胶片比带正电的胶片更易产生静电斑痕）。

⑦室内湿度不得过低。

⑧摄像时，尽量避免摩擦胶片。卷绕、反卷胶片时速度应慢。

（四）电磁屏蔽

现代分析测试仪器属于精密电子仪器设备，在仪器工作运行时，产生有用的信号强度或电压的同时，也产生其他干扰电压，这种仪器设备本身的内部干扰，要在仪器设备的设计制造中去解决。另一种干扰是仪器设备的外部干扰，仪器设备的有用信号强度或电压，经由电磁波的形式利用辐射或导线传播出去，它将干扰其他电子设备的工作。外部干扰是多种多样的，外部干扰问题要采用各种屏蔽方法去解决。分析测试仪器大多有防电磁场干扰要求，应根据仪器种类和设置地点的电磁场干扰实际情况，采取屏蔽措施。例如火花源质谱室、离子探针室需采用屏蔽室进行电磁屏蔽。

（五）生物安全

生物安全是指为避免危险生物因子造成实验室人员暴露、向实验室外扩散并导致危害的综合措施；而实验室生物安全则是为避免各种危险生物因子造成实验室生物危害所采取的防护措施和管理措施。实验室生物安全事故发生的过程、性质及原因表明，实验人员的操作失误和不安全的操作等是引起实验室生物感染事故的主要原因。一起安全事故的发生，是人的不安全行为和物的不安全状态相互复杂关联、共同作用的结果。任何安全事故从理论和客观上都是可预防的，通过合理有效的管理及技术手段，即可消除或防止事故隐患，使发生事故的概率降低到最小。

为加强实验室生物安全管理、保护实验室工作人员和公众的健康、规范实验室生物安全管理和实验室的建设原则，世界各国都颁布了相应的法规和标准，我国也相继颁布和实施了《病原微生物实验室生物安全管理条例》、GB 19489—2008《实验室　生物安全通用要求》和 GB 50346—2011《生物安全实验室建筑技术规范》等法律法规和国家标准，成为实施实验室生物安全管理的依据。

GB 19489—2008《实验室　生物安全通用要求》（文档）

GB 50346—2011《生物安全实验室建筑技术规范》（文档）

A级防护装备的穿脱展示（视频）

1. 实验室生物安全相关概念

（1）生物因子　一切微生物和生物活性物质。

（2）病原体　可使人、动物和植物致病的生物因子。

（3）生物安全实验室　通过防护屏障和管理措施，达到生物安全要求的生物实验室和动物实验室。

（4）实验室分区　按照生物因子污染概率的大小，进行实验室合理分区。主实验室是生物安全实验室中污染风险最高的房间，常指生物安全柜或动物隔离器所在的房间；污染区是指在生物安全实验室中，致病因子污染风险最高的区域；清洁区是指在正常情况下，生物安全实验室中无被致病因子污染风险的区域；半污染区是指生物安全实验室中具有被致病因子轻微污染风险的区域，是污染区和清洁区之间的过渡区域；缓冲间指设置在相邻两个区之间的密闭室，具有通风系统，其两个门具有互锁功能。

（5）高效空气过滤器　通常指以滤除≥0.3μm微粒为目的、滤除效率符合相关要求的过滤器。《微生物和生物医学实验室生物安全通用准则》规定，在额定风量下，对粒径≥0.3μm的粒子滤除效率在99.97%以上、气流阻力在245Pa以下的空气过滤器为高效空气过滤器。

（6）安全罩　指置于实验室工作台或仪器设备上的负压排风罩，以减少实验室工作者的暴露危险，排风经高效过滤。

（7）定向气流　指在气压低于外环境大气压的实验室中，从污染概率小且相对压力高处向污染概率高且相对压力低处受控制流动的气流。

（8）危险废弃物　指具有潜在生物危险，可燃、易燃、有腐蚀性、有毒、有放射性，以及对人和环境有害的一切废弃物。

2. 生物因子的等级分类标准及危险度评估依据

（1）生物因子的等级分类标准　一般依据生物因子的传染性、致病性、预防与治疗手段的有效性进行危险度的分类。世界卫生组织（WHO）将生物因子分为4个等级，我国《病原微生物实验室生物安全管理条例》将生物因子分为4类，两者的顺序正好相反。依据世界卫生组织和我国《病原微生物实验室生物安全管理条例》，将生物因子危害等级划分如下。

病原微生物实验室生物安全管理条例（文档）

①危险度Ⅰ级（低个体危险，低群体危险）指在通常情况下，不会引起人类或动物疾病的细菌、病毒、真菌等的生物因子。

②危险度Ⅱ级（中等个体危险，有限群体危险）指能够引起人类或动

物疾病，一般情况下对人、动物或者环境不构成严重危害，传播风险有限，且具备有效治疗和预防措施的生物因子。

③危险度Ⅲ级（高个体危险，低群体危险）指能够引起人类或动物严重疾病，或造成严重经济损失，但通常不能因偶然接触而在个体间传播，或能使用抗生素等药物治疗的生物因子。

④危险度Ⅳ级（高个体危险，高群体危险）指能够引起人类或动物非常严重的疾病，很容易发生个体之间的直接或间接传播。一般无有效的预防和治疗措施的生物因子。

危险度Ⅲ级、Ⅳ级的病原微生物统称为高致病性病原微生物。

（2）危险度评估　危险度评估是生物安全工作的核心，也是正确进行生物安全防护的前提。危险度评估可以借助许多方法来进行，其中最重要的是专业判断。因此，危险度评估应当由对所涉及微生物的特性、设备和规程、动物模型以及防护设备和设施最为熟悉的人员来进行。负责危险度评估的人员应随时注意收集与危险程度相关的新资料，以及来自科学文献和其他相关的新信息，以便必要时对危险度评估结果进行定期检查和修订，以确保实验室工作的生物安全。

微生物危险度等级是进行微生物危险度评估最主要的依据。另外，还应从以下几方面进行考虑。

①微生物的流行病资料，包括自然感染途径、适宜宿主（人或动物）的存在。

②微生物的致病性，包括感染数量、暴露的潜在后果、致病性的强弱及所操作微生物的浓度和浓缩标本的容量。

③实验过程中可能产生的新问题．如实验室操作（如超声处理、气溶胶化、离心等）所致的其他感染途径（非消化道途径、空气传播、食入），是否可能会扩大微生物的宿主范围或改变微生物对于已有效治疗方案的敏感性。

④微生物在环境中的稳定性。

⑤从动物研究和实验室感染报告或临床报告中得到的相关信息。

⑥当地是否能进行有效的预防或治疗干预。

根据危险度评估过程中所明确的上述信息，可以确定所计划开展的研究工作的生物安全水平级别，选择合适的个体防护装备，并结合其他安全措施制订标准操作规范（standard operating procedure，SOP），以确保在最安全的水平下开展工作。

3. 生物安全实验室的等级

根据实验室所操作微生物的危害等级，配备的实验设施、设备及相应的实验操作和技术，构成了不同实验室的生物安全水平（biosafety level，BSL）。国际国内均将生物安全水平分为 4 个级别，其中一级的防护水平最低，四级的防护水平最高，并用 BSL-1、BSL-2、BSL-3、BSL-4 表示实验室相应的生物安全防护水平。也可称为 P1、P2、P3、P4 实验室。平常说的 P3 实验室就是生物安全防护三级实验室。

（1）一级实验室　一般适用于对健康成年人无致病作用的微生物。

（2）二级实验室　适用于对人和环境有中等潜在危害的微生物。

（3）三级实验室　适用于主要通过呼吸途径使人传染上严重的甚至是致死疾病的致病

微生物或其毒素。

(4) 四级实验室　需要最高防护，适用于对人体具有高度的危险性，通过气溶胶途径传播或传播途径不明、目前尚无有效疫苗或治疗方法的致病微生物或其毒素。

在 WHO《实验室生物安全手册》中将生物安全实验室分为 3 类，即基础实验室（包括一级生物安全水平和二级生物安全水平）、防护实验室（三级生物安全水平）和最高防护实验室（四级生物安全水平）。

在生物安全实验室门上应标有国际通用的生物危害警告标志。如图 6-11 所示。

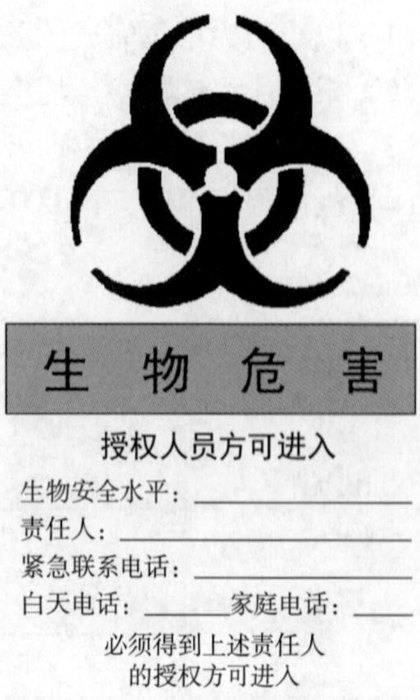

图 6-11　生物危害警告标志

4. 生物安全柜

生物安全柜（biological safety cabinets，BSC）即负压过滤排风柜，是一种用来保护操作者本人免受感染性气溶胶和溅出物感染，环境免受污染而设计的实验设备，也是处理危险微生物时所用的空气净化安全装置。正确使用生物安全柜可以有效减少由于气溶胶暴露所造成的实验室感染、培养物的交叉污染，以及环境的污染。

项目实施

理化实验室使用安全操作规程设计

一、目标

通过理化实验室使用安全操作规程设计，能够熟练掌握常规理化实验室中试剂、玻璃器皿、水、电、气和常用仪器的安全操作相关知识和技能；培养实验室安全意识和规范意识；通过小组完成和优化任务，培养团队合作意识以及分析问题和解决问题的能力。

二、分析

某第三方检测机构需新建一间理化实验室，该实验室的主要功能是完成食品的常规成分分析和检测，现根据实验室功能完成该理化实验室使用安全操作规程。

三、实施

(1) 教师提供食品常规成分测定对应国家标准。

(2) 学生根据国家标准方法汇总整理实验室所用试剂、玻璃器皿、仪器设备等。

(3) 根据第二步整理的资料分类设计包括但不限于化学试剂、玻璃器皿、水、电和气等方面的安全使用操作规范。

（4）以小组为单位小组整理、汇报。

（5）通过小组内互评、组间互评及教师评价三方面对任务结果综合打分。

四、评价

（1）以小组为单位完成任务，明确小组成员分工。

（2）根据小组成员参与程度及完成度进行组内互评。

（3）组间根据每组完成任务质量进行投票排序。

（4）教师根据组间互评及任务完成情况综合评价，具体见表 6-2。

表 6-2　综合评价表

<table>
<tr><td rowspan="6">组内互评
（30%）</td><td>姓名</td><td colspan="2">得分</td></tr>
<tr><td></td><td colspan="2"></td></tr>
<tr><td></td><td colspan="2"></td></tr>
<tr><td></td><td colspan="2"></td></tr>
<tr><td></td><td colspan="2"></td></tr>
<tr><td>平均分</td><td colspan="2"></td></tr>
<tr><td>组间互评
（20%）</td><td colspan="3"></td></tr>
<tr><td rowspan="8">教师评价
（50%）</td><td>评价指标</td><td>分值</td><td>备注</td></tr>
<tr><td>试剂汇总及安全操作规范</td><td>10</td><td>分类是否准确（有机和无机、易燃易爆性、易制毒性等）</td></tr>
<tr><td>常用玻璃器皿汇总及安全操作规范</td><td>10</td><td></td></tr>
<tr><td>常用仪器设备汇总及安全操作规范</td><td>10</td><td>温度、湿度、防静电等</td></tr>
<tr><td>用电需求及安全操作规范</td><td>5</td><td>电压、接地等</td></tr>
<tr><td>用水需求及安全操作规范</td><td>5</td><td></td></tr>
<tr><td>用气需求及安全操作规范</td><td>5</td><td></td></tr>
<tr><td>其他</td><td>5</td><td></td></tr>
<tr><td>实训成绩
（满分 100 分）</td><td colspan="3"></td></tr>
</table>

项目二

作业管理

为保障检测工作过程人身和仪器设备等的安全，切实执行有关健康、安全环保的规定，实验室应建立并保持安全作业管理程序，确保化学危险品、毒品、有害生物、电离辐射、高温、高电压、撞击以及水、气、火、电等危及安全的因素得以有效控制，并有相应的应急处理措施。

一、 实验室安全管理制度

实验室必须建立与其工作范围相适应的安全管理制度，如化学试剂和有毒药品的管理制度、安全作业管理制度等，并经常对检测人员进行宣传教育，使人人熟知各项规章的内容和要求，正确使用各种安全消防器材，做到常备不懈。同时，要经常进行安全检查，及时发现事故隐患，防患于未然。

某实验室安全管理制度（文档）　　缓降逃生绳的使用（视频）　　消防沙的使用（视频）　　烟感报警器的介绍（视频）

（一）实验室安全管理制度主要内容

（1）为职工、学生及其他在实验室工作的人员的安全学习而编制。

（2）学生、新工作人员进实验室之前要参加安全教育和培训，培训、考核合格后方可进入实验室工作，学生要在导师指导下进行实验和研究。

（3）从事特殊性工作的工作人员，如放射性工作人员等特殊工作人员，必须经过专业培训、取得上岗证后才能从事相应的工作。

（4）进入实验室工作，实验和研究人员务必遵守学校及实验室的各项规章制度和仪器设备的操作规程，做好安全防护。

（5）在实验室发生事故时要立即处置，及时报告相关部门和保卫处，发生重大事故及时拨打消防电话 119。

（二）实验室须知

（1）处理任何紧急事故的原则是在不危及自身和他人重大人身安全的情况下，采取措施保护国家财产少受损失。措施包括自己采取行动，报警、呼叫他人及专业人员协助采取行动。在可能危及自身和他人重大人身安全的情况下，以采取保护自身和他人安全为重点，措施包括撤离危险现场，自救、互救、报警等。在任何情况下，不顾他人人身安全，不采取措施都是不道德的。

（2）参加实验时，不能穿拖鞋、短裤。女士不能穿裙子，并应把长发束好。操作感染性、有毒物质或炙热物品时，必须戴上保护手套。

（3）实验、科研工作完成，或工作人员下班时，必须做好安全检查工作，切断电源、气源和关好门窗，收藏好贵重物品，有报警装置的必须接通电源，注意防盗。离开实验室前关好水龙头及检查可能引起水患的地方，预防水患及雨淋对仪器设备造成的损坏。

手套分类及适配性介绍（视频）

（4）为防止短路和因短路而发生火灾，必须严格执行电器安装维修规程，严禁私拉线。实验室内不允许用电炉烧水、做饭等，生活用品不能带入实验室。不准在实验室、库房、资料室内抽烟；烟头、火种不能乱丢。

（5）空置的包装木箱、纸箱和旧布等杂品不准在实验室堆放，空试剂瓶要及时处理。实验楼内走廊，除灭火器材外，不准放置其他物品，切实消除一切隐患。

（6）实验过程必须保持桌面和地板的清洁和整齐，与正在进行实验无关的药品、仪器和杂物不要放在实验桌面上。实验室里的一切物品务必要分类整齐摆放。

（7）未经实验室主任和实验室安全卫生负责人同意，不能擅自配实验室门钥匙，违者给予公开批评，并担负今后由此发生的安全保卫责任。

（8）熟悉在紧急情况下的逃离路线和紧急疏散方法，清楚灭火器材、安全淋浴间、眼睛冲洗器的位置，铭记急救电话。禁止往水槽内倒入杂物和强酸、强碱及有毒的有机溶剂。

二、 安全作业类别及内容

实验室建立和实施安全作业管理程序是资质认定的特殊要求。对涉及危险化学品、毒品、有害生物、电离辐射、高温、高电压、撞击、以及水、气、火、电等危及安全的因素和环境，必须有效控制确保安全。比如，接触危险化学品、剧毒药品的实验室，要从存储、领用、标识、交接、实验、无害化处置等各环节建立严密的安全控制措施，确保不泄漏、不流失、不扩散，不会对检测人员和公共安全造成危害。对涉及高空、高电压、爆破等高危行业的实验室，要确保安全作业的设施和环境条件得到有效监控，防止意外事故的发生。对涉及的水、电、火、气等日常管理也应高度重视，建立切实可行的管理制度和检查制度。

实验室安全作业管理程序（文档）

（一）实验室用电安全

1. 用电可能产生的危害

（1）被电击会导致伤害甚至死亡。

（2）短路有可能导致爆炸和火灾。

（3）电弧或电火花会点燃易燃物品或者引爆具有爆炸性的材料。

（4）冒失地开启或操作仪器设备很可能导致仪器设备损坏、身体受伤。

（5）电器过载会使机器损坏、短路或燃烧。

2. 预防措施

（1）当手、脚或身体沾湿或站在潮湿的地板上时，切勿启动电源开关、触摸电器用具。

（2）经常检查电线、插座或插头，一旦发现损毁要立即更换。

（3）电炉、高压灭菌锅等用电设备在使用中，使用人员不得离开。

（4）电器用具要保持在清洁、干燥和良好的情况下使用，清理电器用具前要将电源切断。

（5）切勿带电插、接电气线路及维修设备。

（6）非电气施工专业人员，切勿擅自拆、改电气线路。

（7）不要在一个电源插座上通过转接头连接过多的电器。

（8）实验室内禁止私拉电线，不要擅自使用大功率电器，如有特殊需要必须与主管部门联系。

（9）标示“高压危险”处，禁止未经许可人员进入。

（10）手持用电设备如手电钻、电烙铁等，极易引起人身安全事故，应特别注意防范。

（二）仪器设备的使用安全

1. 可能发生的事故

（1）错误操作可能损坏设备，造成人身伤害。

（2）缺乏保护装置的设备容易引起伤害事故。

（3）错误连接电源，可能引发触电、失火。

用电安全措施（视频）

2. 预防措施

（1）只有经过培训和允许，才可以使用仪器设备做指定的用途。

（2）一定清楚仪器每个按钮的位置及用途，以便在紧急的情况下立即停止操作。

（3）遵守仪器设备的安全操作规程，切勿贪图省时省力而走捷径。

（4）在操作某些仪器时，衣帽穿戴要符合要求，不能佩戴长项链或者穿宽松的衣服。

（5）要确保设备的安全装置正常有效时方可正常运作，如果对仪器的某活动部分的安全性有怀疑，应立即停机检查。

（6）当仪器在运转过程中有杂音或其他的运转不正常时，应立即关机并通知仪器保管人。

（7）在清洁、维修仪器时，应先断电并确保无人能开启仪器。

（8）由于误操作仪器而发生事故，须及时向主管部门报告。

（三）化学药品的使用安全

详见模块三。

（四）实验室消防安全

（1）实验室内物品必须分类存放。要保持通道畅通，主要通道的宽度一般不少于1.5m。

（2）实验室内不准住人，不准存放私人物品，不准用可燃材料搭建隔层。

（3）实验室内严禁吸烟和明火采暖。

（4）严格按照实验规程，在老师指导下进行实验。

（5）实验结束，对实验室进行安全检查，切断电源，关闭门窗，确认安全后方可离开。

（6）实验室内外的消防通道必须保持畅通，消防器材不准随意挪用。

（7）如发现不安全因素，要立即报告保卫处解决，暂时不能解决的，要采取防护措施。

（五）高压钢瓶使用安全

钢瓶内的物质经常处于高压状态，当钢瓶跌落、遇热、甚至不规范的操作时都可能会发生爆炸等危险。钢瓶压缩气体除易爆、易喷射外，许多气体易燃、有毒且具有腐蚀性。在搬运气体钢瓶时必须小心谨慎。钢瓶应套上安全帽，用专用钢瓶车搬动。在实验室使用的钢瓶应固定在合适的位置。因此使用钢瓶时应注意以下几点。

（1）钢瓶上原有的各种标记、刻印等一律不得除去。所有气体钢瓶必须装有调压阀。

（2）氧气钢瓶的调压阀、阀门及管路禁止涂油类或脂类。使用结束时，须将调压阀及管路内的残存气体放空以保护调压阀。

（3）钢瓶使用完，关闭出气阀后，须套上安全帽（原设计中无需安全帽者除外）。安全帽必须套紧。取下安全帽后，必须谨慎小心以免无意中打开钢瓶主阀。

（4）在操作有毒或腐蚀性气体时，应戴防护眼镜、面罩、手套和穿工作围裙。

（5）不得将钢瓶完全用空（尤其是乙炔、氢气、氧气钢瓶），必须留存一定的正压力，并且将阀门关紧，套上安全帽，以防阀门受损。空的或不再使用的钢瓶（空钢瓶应标注“空”字）应立即归还气体仓库。同时钢瓶不得放于走廊与门厅，以防紧急疏散时受阻及其他意外事件的发生。应经常检查钢瓶，特别是氢气钢瓶是否泄漏。

（6）气体钢瓶有使用年限，定期试压、过期钢瓶要报废。

高压钢瓶如何操作（视频）

正压式消防空气呼吸器的使用（视频）

乙炔气瓶的使用（视频）

三、实验室突发事故的应急预案、培训与演练

实验室应建立在紧急情况下的应急处置预案，如果出现险情和意外事故时，实验室能在第一时间内做出快速反应，防止事态扩大，减少损失，并立即向主管部门和安全管理部门报告。

（一）实验室突发事故的应急预案

根据《中华人民共和国突发事件应对法》《国家突发公共卫生事件总体应急预案》等

文件，为了有效预防、及时控制和妥善处置实验室突发安全事件，建立健全预警和应急机制，提高应对突发事件的能力，最大限度地减少突发事件造成的损失，维护实验室人员和财产安全，保障实验工作的正常秩序，实验室需要根据自身特点制订相应的实验室突发事故的应急预案，主要包括以下几项。

1. 应急组织体系及职责

为做好突发事件的应急工作，做到各负其责，需要成立实验室突发事件应急工作领导小组，负责处理实验室各类安全突发事故、事件，保障人员和财产安全的合法权益。相关组织机构需要定期召开会议，安排落实各项安全工作；定期检查监督各相关实验室工作，发现问题及时整改。

2. 应急预案运行机制

所有人员针对各种可能发生的突发事故，首先完善预防、预警机制，开展风险评估分析，做到早防范、早发现、早报告、早处理。

（1）建立实验室有毒有害化学试剂储存室，对剧毒、高毒、强酸、致癌、易燃、易爆等危险品建立严格的管理制度和使用登记制度。

（2）建立有效的预警机制，增强所有职工的安全意识，落实安全管理责任，为各种危险品建立档案和使用记录，加强日常安全巡查，发现遗失、不当存放应立即处置及时消除安全隐患。同时加强应急反应机制的日常管理，在实践中经常演练和完善应急预案。

（3）严格执行安全巡查制度，及时发现、消除隐患，对存在不安全行为的人员、有安全隐患的设备设施和用品用具应及时发出预警通知，提醒相关人员提高警惕。

（4）日常工作中，与检验检测有关的所有人员均有义务对安全状况进行监督、检查和举报。检测过程中，注意监控实验室内的情况，包括仪器主机、附件，特别是气体储存容器及其主要连接件是否正常；水、电、气的状态是否正常；实验室内有无异常气味、响声、火苗、火花；空气中有无不明烟雾，地面上有无不明液体、固体等。

（5）仪器设备检查由实验操作人员定期进行，包括对仪器设备电气性能的评估；对装载易燃气体钢瓶或其他容器的检查，对化学试剂存放使用的安全性检查；对实验室水、电、气运行状况的检查等。

3. 应急预案启动与信息报告

实验室一旦发生安全事故、事件，即刻启动。突发事故发生后，现场人员应在自救的同时立即向负责人汇报，及时启动应急预案。如经过初步处理仍无法控制，要立即通知相关部门和领导，请求协同处理。事故处理基本控制后，及时对突发事故进行侦测、调查、综合评价、控制危害蔓延。

4. 制订实验室突发事故应急预案

分析实验室特点，根据可能发生的突发事件制订相应的突发事故应急预案，无论发生以下何种类型的安全事故，现场人员在拨打本单位安保处电话或110（公安）、119（消防）、120（急救）等公共救援电话的同时，应尽快告知部门领导和实验室安全应急工作领导小组，汇报现场情况。对不同类型的安全事故，处置措施也存在一定差异性，以下是

实验室常见的事故及预防（视频）

实验室常见突发事故应急处置措施。

（1）实验室火灾应急处置　提高全体员工应对突发火情、火灾的意识和能力，保证一旦发生火灾，事发现场及周边人员能及时报警并进行力所能及的扑救，有关人员能及时到位，有效地组织对火灾的扑救、人员的疏散、被困人员的营救。

①灾情报告、报警程序：发生的火灾较小且可以控制时，现场人员必须通过电话向主管领导及安全事故应急小组报告。当火情不能有效控制时，应通过电话向学校安保处或向消防部门（119）报警，同时通知相邻实验室人员。向保卫处和消防部门报警时，要准确说明起火位置、起火房间的所在部位、燃烧物的类别、有无人员被困等情况。

②应急疏散程序：打开楼宇的疏散通道，根据起火的部位和疏散的路线，在楼梯口布置好疏散引导员，引导人员疏散。所有人员都应协助指挥和疏导。通知楼内人员疏散时应明确表达以下内容：通报火场信息，稳定待疏散人员的情绪，避免发生慌乱；分楼层按顺序疏散，疏散顺序依次为着火层、着火层以上楼层、着火层以下楼层；指引疏散方向、路线。

疏散时需要注意听从疏散引导人员的指挥；行动迅速而不慌乱；通过烟雾区域时须用湿毛巾（或湿衣服等）捂住口鼻低姿行进；已疏散人员在楼外指定地点集合，未接到通知不得自动返回火灾现场；当发现前面有人突然摔倒时，要马上停止脚步，同时大声呼救；若被推倒，应设法靠墙，身体蹉成球状，双手颈后紧扣，尽量露出口鼻，呼吸通畅。

③火灾扑救程序：实验中一旦发生火灾切不可惊慌失措，应保持镇静。扑救时不要轻易打开门窗，首先应立即切断室内一切电源、气源，移走钢瓶等压力容器。然后根据房间内危险品的种类、存量等情况正确地进行抢救和灭火。报警人员在道路口接应消防车进入现场。常用灭火方法如下。

a. 地面或实验台面着火：若火势不大，可用湿抹布或砂土扑灭。

b. 衣服着火：应立即脱去，用水浇灭或就地躺下，滚压灭火。冬天身穿棉衣时，有时明火熄灭，暗火仍燃，衣服如有冒烟现象应立即脱下或剪去以免继续烧伤。身上起火不可惊慌奔跑，以免风助火旺。

c. 导线和电器外壳着火：不能用水灭火以免触电，应先切断电源，再用干粉灭火器或覆盖法灭火（四氯化碳蒸气有毒，应在空气流通的情况下使用）。

d. 反应器内着火：可用灭火毯或湿抹布盖住瓶口灭火。

e. 可燃液体着火：立即拿开着火区域内的一切可燃物质，关闭通风设施，防止扩大燃烧。若着火面积较小，可用抹布、湿布、铁片或砂土覆盖，隔绝空气使之熄灭。覆盖时动作要轻，避免碰坏或打翻盛装可燃溶剂的玻璃器皿，导致更多的溶剂流出而扩大着火面。

扑救易燃液体火灾的基本方法（视频）

f. 易燃、液化气体类着火：首先切断电源，开门窗通风，起火初期首先控制气体泄漏，然后使用灭火毯遮盖扑灭，如无法控制气体泄漏，当容器内容物储存量低于爆炸极限时，使用干粉灭火器扑救，火焰消失后使用灭火器对周边环境降温至室温以免气体重新燃烧或爆炸，否则必须保持稳定燃烧，避免大量可燃气体泄漏出来与空气混合后发生爆炸。

g. 有机溶剂和油脂类物质着火：火势较小时，可用湿抹布或砂土扑灭，或撒上干燥的碳酸氢钠粉末灭火；火势较大时，必须用二氧化碳灭火器、泡沫灭火器或四氯化碳灭火器进行扑灭。

扑救压缩气体或液化气体火灾的基本方法（视频）

h. 金属钠着火用砂土覆盖灭火。

i. 氧化剂和有机过氧化物的着火：必须慎重考虑安全问题，使用者务必熟知该类物品的安全操作知识和理化性质，以备险情发生时采取适当措施。一般应迅速查明着火或反应的氧化剂和有机过氧化物以及其他燃烧物的品名、数量、主要危险特性、燃烧范围、火势蔓延途径、能否用水或泡沫扑救。能用水或泡沫扑救时，应尽一切可能切断火势蔓延，使着火区孤立，限制燃烧范围，同时应积极抢救受伤和被困人员。不能用水、泡沫、二氧化碳扑救时，应用干粉或用干燥的砂土覆盖。覆盖过程应先从着火区域四周尤其是下风向等火势主要蔓延方向覆盖起，形成孤立火势的隔离带，然后逐步向着火点逼近。

扑救易燃固体、自燃物品火灾的基本方法（视频）

扑救遇湿易燃物品火灾的基本方法（视频）

扑救氧化剂和有机过氧化物火灾的基本方法（视频）

化学烧伤及处理（视频）

④烧伤的急救处理如下。

a. 迅速脱离致伤源。迅速脱去着火的衣服用水浇灌或卧倒打滚等方法熄灭火焰。切忌奔跑喊叫，以防头面部、呼吸道的进一步损伤。

b. 立即冷疗。冷疗是用冷水冲洗、浸泡或湿敷。烧伤后，为了防止发生疼痛和损伤细胞，应迅速采用冷疗方法进行紧急处理，一般在 6h 内有较好的效果。冷却水的温度应控制在 10~15℃为宜，冷却时间至少要 0.5~2h。对于不便洗涤的脸及躯干等部位，可用自来水润湿 2~3 条毛巾，包上冰片，敷在烧伤面上，并经常移动毛巾，以防同一部位过冷；若患者口腔疼痛，可口含冰块。

c. 保护创面。现场烧伤创面无需特殊处理，但应尽可能保持水疱的完整性，不要撕去腐皮，同时用干纱布进行简单的包扎即可。创面忌涂有颜色药物及其他物质，如甲紫、汞溴红、酱油等，也不要涂膏剂，如牙膏等，以免影响对创面深度的判断和处理。

d. 烧伤经过初步处理后，要及时将伤员就近送往本单位医院或社会医院进一步治疗。

⑤烫伤的应急处理：烫伤时，如伤势较轻，涂上苦味酸或烫伤软膏即可；如伤势较重，不能涂烫伤软膏等油脂类药物时，可撒上纯净的碳酸氢钠粉末，并立即送医院治疗。

（2）实验室危险化学品事故应急处置　危险化学品事故发生后现场人员首先进行个人防护，然后按照事故不同类别分别采取相应的现场处置措施，视情况的轻重将其送入医院就医。陪同护送人员应了解化学品事故基本侵害过程，尤其是造成人身伤害的危险化学品的种类和数量，提供相关信息给医院救治工作作为参考。

①实验室危险化学品泄漏处置措施如下。

a. 易燃、有毒气体泄漏：现场人员首先从室外总闸切断电源（避免断电时电弧引起火灾），佩戴个人防护用具，然后迅速开门窗通风，并按照危险程度通知临近实验室或整座建筑人员撤离至上风区，在做好安全保障工作之后对泄漏源进行控制处理。

b. 易燃、腐蚀、有毒液体泄漏：现场人员首先从室外总闸切断电源（避免断电时电弧引起火灾），佩戴个人防护用具，避免中毒和受到灼伤，然后使用相应物资擦拭和吸收。大量泄漏时在实验室门口设置警示牌，等待应急救援人员处置。

c. 化学废液及废旧试剂泄漏：实验人员进行有机溶剂回收利用，确实无法回收利用的，按类别收集于专用容器中，加盖并张贴标签注明废液名称、数量、实验室编号、操作人姓名。当化学废液及废旧试剂外泄时，知情者应立即通知本单位安全应急小组，立即采取措施追回外泄废液，外泄废液造成他人生命财产损害及环境破坏者，由相关部门处置。

②实验室化学品爆炸处置措施：混合性爆炸发生后，现场和周边实验室人员应开门窗通风，切断电源，熄灭所有点火源，避免发生二次爆炸，尽快通知本单位消防及实验室安全应急小组进行扑救，必要时拨打 119 报警。

爆炸中受伤的人员，如出现小的创伤可用消毒镊子或消毒纱布把伤口清洗干净，并用 3.5%的碘酊涂在伤口周围，包起来。若出血较多时，可用压迫法止血，同时处理好伤口，扑上止血消炎粉等药，较紧地包扎起来。较大的创伤或动、静脉出血，甚至骨折时，应立即用急救绷带在伤口出血部位上方扎紧止血，用消毒纱布盖住伤口，立即送医院救治。

③剧毒药品中毒应急处置措施：如发生气体中毒，应马上打开窗户通风，并疏散人员离开实验室到安全的地方，以最快的速度报告安全领导小组，并根据严重程度联系医院救治。

如发生入口中毒，应根据药品种类采取适当处理方法，酸碱类腐蚀药品先大量饮水，再服用牛奶或蛋清，其他有毒药品先行催吐后再灌入牛奶，然后送医院救治。

（3）实验室触电应急处置　抢救触电者，避免在抢救时发生其他事故。发现触电事故的任何人员都应当在第一时间抢救触电者，并拨打 120 求援，同时向单位领导报告并采取如下措施。

触电的应急处理（视频）

①220V 电压触电应先切断电源。若一时无法切断电源，可用干燥的木棒、木板、绝缘绳等绝缘材料解脱触电者，抓住触电者干燥而不贴身的衣服，将其拖开，切记要避免碰到金属物体和触电者身体裸露部位，尽量避免触电者解脱后摔倒受伤，并用绝缘工具切断带电导线。高压触电应及时通知供电部门，采用相应的紧急措施，以免发生新的事故。

②触电者神志清醒，让其就地休息。触电者呼吸、心跳尚存，神志不清，应仰卧，周围保持空气流通，注意保暖。触电者呼吸停止，则用口对口进行人工呼吸；触电者心脏停止跳动，用体外人工心脏按压维持血液循环；若呼吸、心脏全停，则两种方法同时进行。现场抢救不能轻易终止，要坚持到医务人员到场后接替抢救。

心肺复苏方法（视频）

③触电事故发生后，应立即在现场设置警戒线，维护抢救现场的正常秩序，警戒人员应当引导医务人员快速进入事故现场。事故现场警戒

线必须待医务人员将触电者带离现场，赴医院救治，事故调查和排险抢修工作完毕，现场已无事故隐患时，方可解除。

（4）实验室仪器设备安全事故应急处置

①金属外壳的仪器设备要有充分的接地保护，如仪器设备漏电导致人员触电，首先切断电源，若来不及切断电源，可用绝缘物挑开电线，在未切断电源之前，切不可用手拉触电者，也不能用金属或潮湿的物品挑电线。触电者出现休克现象时，应立即进行人工呼吸，并送医院治疗。

②仪器使用中的容器破碎及污染物质溢出，立刻戴上防护手套，按照仪器的标准作业程序关机，清理污染物及破碎玻璃，再对仪器进行消毒清洗，同时告知其他人员注意。

（5）割伤、刺伤的应急处理　实验室中最常见的外伤是由锐器或玻璃仪器破碎造成的割伤或刺伤。针头刺伤后的危险性因素包括：伤口的深度、有可见的血液从伤口溢出、针头刺破了静脉或动脉。

玻璃仪器打碎的处理方法（视频）

被锐器割伤或刺伤时，应采用以下措施进行紧急处理：①戴手套者应迅速、敏捷地按常规方式脱去手套；②立即用健侧手从近心端向远心端挤压排出血液，以减少污染的程度，同时用流动净水冲洗伤口；③用0.5%碘伏、2%碘酊或75%乙醇对伤口进行消毒。

由玻璃片或管造成的外伤，首先必须检查伤口内有无玻璃碎片，以防压迫止血时将碎玻璃片压深。若有碎片，应先用镊子将玻璃碎片取出，再用消毒棉和硼酸溶液或过氧化氢水溶液洗净伤口，再涂上碘伏，并包扎好。若伤口太深，流血不止，可在伤口上方约10cm处用纱布扎紧，压迫止血，并立即送医院治疗。

（6）实验室突发停电、停水及水灾等应急处置

①工作期间停电、停水，实验室人员应及时告知实验室主任并向水电主管部门反映情况。及时通知各实验室人员检查电源开关和水龙头是否关闭。将所有仪器插头全部从插座中拔出。关闭实验室内电闸、水闸，必要时关闭楼层总电闸、水闸或整座楼总供电、供水阀。

②实验室发生水灾时，应该第一时间关闭水阀，并组织人员进行积水清除，防止祸及其他实验室，造成更大损失。

5. 事故调查和处理

发生实验室安全事故后要采取有效措施，保护现场，配合有关部门进行勘察，事故查清后，要写出定性结案处理报告，事故发生的时间、地点、部位和人员伤亡情况，造成的经济损失、调查经过、对调查的证据材料的分析、对事故性质的认定和结论，以及对事故制造者或责任者的处理意见。根据事故的情况，上报有关部门处理。凡在事故救援中，有失职、渎职行为的，将按照有关规定给予处罚，构成犯罪的将追究刑事责任。

割伤的处理方法（视频）

（二）实验室突发事故应急培训与演练

实验室突发事故应急培训与演练主要包括以下几个方面。

1. 目的

某实验室突发事故应急预案（文档）

为了检验、评价和保持实验室安全事故应急预案的应急能力及有效性，通过模拟演练，增强实验室人员忧患意识和应急处理能力，提高实验中心管理人员、安全疏散工作组织处置的能力。

2. 作用

培训可提高相关人员对突发安全事故处理能力。演练可以发现实验室在日常运行和管理过程中存在的问题和不足，提高相关人员的安全意识。具体主要包括：

（1）可在事故真正发生前暴露预案和程序的缺陷。

（2）发现应急资源的不足（人力和设备等）。

（3）改善各应急部门、机构、人员之间的沟通与协调。

（4）增强实验人员应对突发事故处理的信心和意识。

（5）提高实验室人员应对突发事故处理能力的熟练程度和技术水平，进一步明确各自的岗位与职责。

3. 演练的范围

演练的范围主要根据实验室的特点及常见突发事故类型确定。

（1）对发生触电事故的应急响应和救援。

（2）对实验室化学试剂安全操作的应急演练。

（3）对实验室火灾和爆炸事故的应急演练。

4. 参与人员

培训主要是针对实验室相关人员进行定期培训，并进行考核。演练人员主要包括：

（1）参演人员　在应急组织中承担具体任务，并在演练过程中尽可能对演练情景或模拟实践做出真实情境下可能采取的相应行动的人员。

（2）控制人员　根据演练情景，控制演练时间进程的人员。

（3）模拟人员　在演练过程中扮演、代替某些应急组织和服务的人员或模拟紧急实践、事态发展的人员。

5. 演练过程

（1）准备阶段　实验室人员按照《实验室突发事故应急预案》规定要求配备应急演练所需的物资；各演练的参与人员明确、熟悉各自在演练过程中的任务和职责；实验室负责提供演练参与人员标明其身份的识别标志。

（2）实施阶段　根据《实验室突发事故应急预案》规定的突发事故，结合实验室具体特点模拟演练。

6. 演练结果的总结评价

应急演练结束后，根据演练的实际情况、演练记录进行总结、详细说明在演练过程中发现的问题，对不符合项提出纠正和预防措施，完善实验室突发事故应急预案。

项目实施

实验室突发事件应急处置

一、 目标

通过制订理化实验室应急处置规程，能够了解实验室安全管理制度、理解安全作业规范的重要性，具备排查实验室常见安全隐患的能力，培养实验室安全意识和规范意识；通过小组完成和优化任务，培养团队合作意识，应对突发事件的处理能力以及公共安全的社会责任意识。

二、 分析

某理化实验室，实验员甲在实验台用电炉加热进行蛋白质测定的蒸馏操作，实验员乙为节约时间想准备下一个实验，于是去试剂柜取乙醚试剂准备提取脂肪实验，实验员乙在返回时不小心被地面的水迹滑倒，装有乙醚的试剂瓶掉落在地上碎了，划破手臂，大家正在处理实验员乙的手臂过程中发现实验台有火苗出现。

三、 实施

（1）分析有哪些操作不当之处。

（2）分析正确处理的方法。

（3）说明实验员乙的手臂如何正确处理。

（4）分析起火的可能原因并选择合适的灭火方法（开放式分析）。

（5）根据本次事故总结实验室可能存在的安全隐患以及正确应急处理方式（开放式总结）。

（6）小组整理、汇报。

（7）通过小组内互评、组间互评及教师评价三方面对任务结果综合打分。

四、 评价

（1）以小组为单位完成任务，明确小组成员分工。

（2）根据小组成员参与程度及完成度进行组内互评。

（3）组间根据每组完成任务质量进行投票排序。

（4）教师根据组间互评及任务完成情况综合评价，具体见表 6-3。

表 6-3　　综合评价表

	姓名	得分
组内互评（30%）		
	平均分	

续表

组间互评（20%）			
教师评价（50%）	评价指标	分值	备注
	人员受伤问题分析	15	找出事故错误操作，明确正确处理方式
	火情分析	15	分析起火的可能原因并选择合适的灭火方法（开放式）
	实验室安全隐患分析	20	根据本次事故总结实验室可能存在的安全隐患以及正确应急处理方式（开放式）
实训成绩（满分 100 分）			

项目三

信息安全管理

一、 实验室档案管理

实验室档案是实验人员、管理人员从事科学研究和实验管理所留下来的历史记录和经验总结，是进行实验室科学管理、决策的重要依据，也是科研质量评估的重要依据。

实验室档案指管理过程中需要收集归档的信息材料，主要包括实验物资借用登记本、实验室工作人员日志、实验室主任日志、实验运行记录、安全卫生检查记录本、大型精密仪器设备履历及使用管理记录册、仪器设备维修记录本。实验物资借用登记本主要记录在使用过程中需借用实验室物资的原始凭证，包括借用仪器名称编号、借用归还时间，领导批示等内容；实验室工作人员日志记录实验室工作人员每周的工作内容，是考核实验室工作人员业绩的重要依据；实验室主任日志主要记录实验室主任的平时工作，也是考核实验室主任工作的依据；实验运行记录主要由使用人员填写；安全卫生检查记录本主要记录实验室安全卫生的检查情况，重点是实验室的安全隐患检查以及排除的情况记录；大型精密仪器设备履历及使用管理记录册主要记录一些投资较大的大型精密仪器设备的使用情况，包括仪器设备的利用率、维护、保养、管理责任人等；仪器设备维修记录本主要记录设备损坏后的维修情况，包括送修单位、责任人、日期、仪器名称、损坏情况、检修情况、经费支出等。

（一）实验室档案管理概述

1. 实验室档案管理的定义

实验室档案管理是建立资料档案管理系统，把实验室的各项管理工作的进展情况及结果如实记录在册，为组织考核提供依据，同时也为实验室向量化管理发展创造条件。实验室资料档案管理系统包括实验仪器设备进账、说明书和技术资料、实验通知单、规章制度、各项管理工作记录、实验教学年报表和工作总结等资料。

2. 建立实验室档案的目的

（1）实验室在运行过程中会产生大量的原始信息和资料，这些信息资料直接反映实验室能力水平，对于追溯实验过程中的客观性、真实性方面发挥着越来越重要的作用，没有这些信息资料就失去了实验室应有的意义。

（2）实验室档案是实验工作的真实记录，具有原始性、凭证性，是原始的技术凭证和法律证据，是开展调查研究的重要依据。

（3）能客观地反映实验室的管理水平和教研质量；能增强领导决策的科学性；可以提高实验室整体质量水平；起到维护实验室的声誉和法律地位的重大作用。

总之，实验室档案管理系统第一是日常工作的溯源凭证；第二是实验室资质认定时的鉴定材料；第三是实验教学和科学研究的信息资源。

3. 实验室档案管理存在的问题

①档案管理混乱，没有保密意识。②无专柜、专人负责妥善保存检测记录和各种档案。③资料残缺，不系统；甚至档案丢失。④记录未完善就存档。⑤只注重工作过程和检验结果，而忽略对资料的全面收集、整理、归档和利用分析，多数实验人员不能及时完善记录，传统过程就是来样检测—出具报告—下班，致使建档意识淡薄。⑥实验室有工作及活动而无记录。⑦有措施而无书面文字记载和资料存档。⑧无制度、无职责，无专门或兼职的档案管理员。⑨实验室的档案繁杂，原始资料量巨大，涉及内容广泛，不易明确归类。⑩单位对实验室档案管理的重要性认识不足，只注重业务工作的建设，认为档案管理不是实验室的主流业务，从而忽略对实验室档案工作的综合发展。

（二）实验室档案的内容

1. 实验室及设备管理工作法规、制度文件卷

（1）国家及国家部委有关实验室工作的法规文件。

（2）学院有关实验室发展建设与改革等文件。

（3）实验室建制审批（含实验室建立、合并、调整、撤销等）文件。

（4）实验室管理（包括本实验室制订）的各项规章制度。

（5）实验室建设发展规划。

（6）实验室年度工作总结及实验室内工作人员考核表等。

2. 以本实验室名义向上级部门定期或不定期报出的实验室工作的各种报告、报表或数据卷

（1）实验室基本情况类

①实验室基本情况（各实验分室名称、地点、面积）。

②实验室任务及人员情况年度传送数据与报表。

③实验项目年度传送数据与报表。

④专职实验室工作人员年度传送数据与报表。

（2）设备管理类

①各实验室科研仪器设备年度传送数据与报表（单价 800 元以上设备）。

②各实验室科研仪器设备增减情况传送数据与报表。

③低值耐用品、低值易耗品的资料。

④仪器设备固定资产卡片；仪器设备及低值耐用品的总台件数及金额、固定资产账卡、随机技术手册；仪器设备的运行、维护保养、维修、报废等原始记录。

⑤大型精密贵重仪器设备技术档案。单价 5 万元以上大型精密仪器设备的档案管理，应包括每台仪器设备申购时的可行性论证报告、申购报告、领导批复；订货合同、开箱记录及装箱单、安装调试记录及双方签字移交文件、保修单、验收报告及其履历本、设备说明书、技术资料及全套随机文件；使用、维修、故障、事故记录和仪器设备的报损报废等资料（其中使用说明书和技术资料经档案室建档后可由实验室借用保管）。大型设备管理人员名单、技术档案和开机使用记录。大型精密仪器设备在有效期时，完成课题数，取得的成果、功能的开发等。

⑥各实验室科研精密贵重仪器设备年度使用情况传送数据与报表（单台成套价为 20 万元及其以上的设备）。

（3）实验室任务类

①实验室任务指标及完成情况统计资料。

②本实验室承担的实验课程名称、科研计划、实验报告。

③科研任务形成的文件材料（项目数、类别、经费、实验技术开发项目、成果资料）。

④在社会服务中形成的文件材料。

⑤承担各种培训班、短训班的实验教学任务或测试、加工工作的内容、培训对象等材料。

（4）实验室管理类

①实验室建设类：经批准的本实验室建设规划；本实验室年度工作计划、总结；反映本实验室历史沿革、现实规模、用房面积、环境条件等有关管理性文件；实验室用房及环境条件的各种技术资料。

②实验室环境条件的增扩与实验室改革方案文件；实验室工作的评估；实验室管理方面的重要实施细则；实验室主任工作守则与工作人员岗位责任制等。

③实验室经费及使用情况。

（5）实验室队伍建设类

①实验室各类工作人员情况表（姓名、性别、年龄、职称、专业分工、奖惩、培训等

基本情况及其变更情况)。

②实验技术人员考核情况。

③本实验室技术人员岗位职责及分工细则。

④实验技术人员工作日志、记录材料。

⑤实验室人员在科学研究、技术开发等方面的全部技术文件资料（包括论文、专著、鉴定、专利、获奖等情况)、项目数及其工作量。

（三）实验室档案的管理和收集

1. 实验室档案的管理

档案是实验室活动的真实记录，是社会的宝贵财富，应由资料档案室集中统一保管。实验室档案要做到系统性、连续性、真实性、可靠性、法律权威性和可追溯性。实验室必须建立和健全资料档案的形成、积累、整理、归档制度，并列入实验室工作程序，列入有关部门和有关人员的职责范围，做到实验室每项活动和工作的实施、检查、管理等活动都有完整、准确、系统的资料档案归档。在管理上要遵循以下程序。

（1）整理　凡归档的实验室教学、研究文件材料，都应做到书写材料优良、字迹工整、图样清晰，宜用蓝黑墨水、碳素墨水的签字笔书写，禁用铅笔书写。对实验仪器形成的热敏类数据资料，应复印一份同时归档，以利长期保存。一个教学、研究项目、一项工程或其他技术工作，在完成或告一段落后，都必须将所形成的教学、研究文件材料，按其自然形成规律，按归档具体要求加以系统整理分类，组成保管单位。立卷，填写保管期限，注明密级，由专题负责人审查签字后送资料档案室归档。

（2）归档　资料档案要及时归档，一项教学、科研工作完成，科研成果鉴定、仪器设备正常运转、基建工程竣工验收后及时整理，随时归档。人员培训计划、工作总结、综合性记录（例如实验室开出记录等）以年度为单位，在年终汇总后归档。因故中断的教学、科研项目，专题负责人必须将该项目的技术文件材料及时整理归档。资料档案的管理确保归档的文件材料完整、准确、系统。文件书写和载体材料耐久保存，文件材料整理符合规范。归档的电子文件，应有相应的纸质文件材料一并归档保存。

（3）保密　根据有关规定，确定档案保管期限，划定档案密级。采取有效措施对档案进行安全保管，并切实加强对知识产权档案和涉及商业秘密档案的管理。

（4）鉴定　对保管期限已满的档案进行鉴定，确无保存价值的档案应登记造册，按有关规定经实验室法定代表人或实验室负责人批准后进行监督销毁。

（5）利用　资料档案室应积极主动地开展档案利用工作，制订档案借阅制度和复制制度，努力开发档案信息资料，为利用者提供及时、有效的服务。

2. 实验室档案的收集

（1）实验室工作人员每天应记录实验室的仪器设备运行情况，年底将记录归档备查。

（2）每个实验室应有设备仪器维修记录，实验室应有水电及动力维修记录，年底将各种维修记录存档。

（3）实验室工作人员应做工作日志，年底将工作日志归档。

（4）实验室安全员每月应进行一次安全检查记录存档。

（5）年末应对实验人数、实验项目和设备使用率做统计，将统计结果存档。

（6）实验室每年应对每位工作人员进行年度考核，工作人员考核表应归档备查。

（四）档案管理员及工作职责

实验室档案管理员工作职责（文档）

实验室档案的收集、整理、保管、鉴定、统计和提供利用，须安排专门的工作人员来完成，担任此项工作的人员称为档案管理员。档案管理员的工作要相对稳定，如工作变动应做好交接工作。如实验室撤销或合并，应及时做好工作档案的移交工作，以保持档案的完整和连续性。

二、 数据信息管理与安全

随着信息时代的到来和实验室现代化建设的发展，实验室信息管理的必要性与日俱增。实验室中的硬件设备具有规范性、复杂性等特点，在实际的硬件设备管理中采用传统管理模式不能满足日益变化的实验室硬件设备应用需求，也使得实验室管理人员长期处于高强度工作环境中，承受较大工作压力。

（一）实验室信息化的发展

一个大型实验室每天产生着大量的原始数据，这些数据成为实验室信息的数据源，如何利用现代化工具准确、及时、动态地提供这些信息给各相应的技术人员及管理层，已成为实验室计算机应用的一个重要课题。实验室自动化是在 20 世纪 70 年代后期和 80 年代早期，随着实验室信息系统发展起来的。实验室自动化是提高实验室服务和减少支出的有效工具。改善实验室服务的关键是实施正确的自动化技术。这些技术的设计受功能需求的左右。自动化设计方案应该以对实验室经济效益、检验操作流程的正确理解为中心，并以硬件为基础、以软件为手段，支持重复、复杂的检测，传送管理和全面计算机整合控制实验室自动化的发展十分迅速。在计算机应用中，软件与硬件在功能实现上相互依存，而实验室自动化系统与实验室信息系统的接口是一个关键问题。实验室自动化的发展趋势表现为实验室自动化全面转向模块化，硬件系统转向程序控制，从一种新生事物变为一种业内标准，而且正在转化为商品。

（二）实验室信息化管理的主要任务

1. 减轻劳动强度、提高工作效率

自动分析仪器每天产生大量的测试结果，数据处理工作由计算机完成，检验人员可从繁杂、单调的工作中解脱出来，既减轻了劳动强度，又提高了工作效率。

2. 提高检验报告的质量，减少差错

计算机处理解决了检验人员计算、填写检验单，留底时不规范、不统一、易发生抄错抄漏等问题，使检验报告整齐规范。计算机处理实验数据使操作程序化、规范化。

3. 加快信息流通，促进检测质量的提高

实验室信息系统时效性的特点要求实验结果传递的速度越快越好，引入计算机管理可以使大量的分析数据得到及时记录，并可通过多种方式评估其可靠性，再由计算机网络迅速传递给用户、财务、档案等部门，可以提高检验信息的及时性、系统性和共享程度，有利于实验室管理水平、检测质量的提高。

（三）实验室信息化管理方式

随着信息化工作的开展，以及互联网技术的进步，文档安全管理的方式大致经历了以下几个阶段。

（1）第一阶段　制订内部保密制度，严格限定机密文档接触人群范围，设立保密管理机构，指派专人保管机密文件，通过制度和纪律约束来保证文档的安全。

（2）第二阶段　随着计算机应用的普及，单纯通过制度进行文档安全管理越来越力不从心，采用专门的保密设备来管理机密文档，如安装专门的涉密计算机、使用认证存储设备等。

（3）第三阶段　为适应信息化工作及无纸化办公的要求，同时随着互联网络技术的发展，为了应对来自互联网络的威胁，多采用堵塞的方式，如内网隔离、封通用串行总线（USB）口、禁止打印等方式管理内部机密文档。

（4）第四阶段　随着应用的深入，人们逐渐认识到通过上述制度约束和封堵的方式，并不能从根本上解决泄密的问题，给员工的日常工作也带来了极大的不便，极大降低了工作的积极性和工作效率，越来越不能适应管理的需求，迫切需要通过一种更人性化的方式来进行文档安全管理，这样加密软件在文档安全管理方面的应用成为当前的主流方式。

（四）实验室信息化管理的策略

能够在实验室管理中应用信息化管理手段，则能够实现实验室管理基础工作程序的信息化，发挥信息化手段的特点与优势。搭建一体化实验室管理载体，不仅可以有效控制系统连带伤害，还能够在此基础上提高实验室管理水平，减少实验室管理人员的日常工作量，提高实验室管理效率。另外，采用基于信息化发展的实验室管理模式，更符合信息化时代发展要求，将信息化发展理念充分渗透到实验室管理中，注重应用系统化、专业化、合理化的实验室管理程序，避免实验室资源浪费现象的发生。

1. 引进专业化实验室管理人才

专业化的实验室管理团队，是维护实验室技术设备、发挥实验室作用的重要前提。对实验室现有的管理人员，定期组织相关培训活动，让实验室管理人员能够在培训中不断提升管理能力、理论水准，认识到在日常工作中学习与应用信息化管理、专业化管理知识的现实意义。

2. 强化硬件建设提高实验室管理效率

硬件设施是实验室信息化正常运行的基础，需要强化信息化硬件设施建设，提高实验室各类硬件设备的多样化，充分应用先进的信息化技术，在此基础上提高实验室管理效率。

3. 提高实验室信息化设备资源利用率

为了避免出现实验室信息化设备资源浪费的情况，应注重搭建实验室信息化设备资源管理系统平台，将实验室内现有各种资源信息上传至该平台，创设对应的实验室信息化设备资源信息库，便于后续对资源信息的调取与查阅，真正做到将信息化与实验室资源置换相结合，实现实验室信息化设备资源的共享，提高实验室信息化设备资源利用率。另外，各实验室应借助信息化发展优势，成立空间网站，将实验室成果展示到空间网站上，在此基础上提高开放程度，在最大程度上实现实验室信息化设备资源共享。

（五）实验室信息化管理的实施

1. 实验室数据信息的保存

（1）技术记录，无论是电子记录还是纸面记录，应包括从样品的接收到出具检测报告或校准证书过程中观察到的信息和原始数据，并全程确保样品与检测报告或校准证书的对应性。

（2）除特殊情况外，所有技术记录，包括检测或校准的原始记录，应至少保存 3 年。

（3）人员或设备记录应随同人员工作期间或设备使用时限全程保留，在人员调离或设备停止使用后，人员或设备技术记录应再保存 3 年。

（4）根据《检验检测机构资质认定管理办法》和《检验检测机构资质认定评审准则》规定，检验检测机构应当对检验检测原始记录和报告归档留存，保证其具有可追溯性。原始记录和报告的保存期限一般不少于 6 年。

（5）如果法律法规、（CNAS）专业领域认可要求文件或客户规定了更长的保存期，则实验室应满足这些要求。

2. 实验室数据信息的保密

实验分析数据和检测结果报告在进行数据传递和信息资源保管的过程中，作为相关人员应该如何做好实验检测基础数据的保密防范工作，是信息化时代不容忽视的责任和义务。一般实验室数据信息主要包括科研信息和检测信息。

（1）实验室科研数据信息保密　实验室承担保密科研项目的测试数据、分析结论、阶段成果和各种技术文件，均要按照科技档案管理制度进行保管和使用，任何人不得擅自对外提供资料，如发现泄密事件，应立即采取补救措施，并对泄密人员进行严肃处理。具体主要包括：

①凡属精密贵重仪器和大型设备的图纸、说明书等资料要按规定存放，使用中的图纸、说明书资料，要有专人妥善保管，不经领导批准，不准随便携出或外借。

②实验室涉及经济保密、公文保密和国防保密部分，按有关部门的规定执行。

③实验室全体工作人员均有保守实验室机密的责任，必须遵守保密制度，做到不该说的机密绝对不说，不该知道的机密绝对不打听。

④机密文件、资料由专人统一管理，借阅时必须办理有关手续，阅读完后及时归还，没有阅读完的应在当日下班前交还保管人收存，次日再借。

⑤机密文件保管人员要严格按照保密规定和要求，及时做好文件的收集、登记、分发、传阅和保管工作，对于违反保密规定的要求，有权拒绝办理。

（2）实验室检测数据信息保密

①凡检测数据、检测结果等文件资料，未经签发不得私自对外发送。

②对送检单位和送检样品来源，仲裁样品编号，必须保密，检测人员不得打听。

③定期进行保密制度检查，及时追查失职泄密事件，对于严重者要依法处理。

④技术资料入库时必须办理交接手续，在规定时间内完成分类、编目、制卡、立档和存储工作。严格执行借阅制度，任何人借阅技术资料都要办理借阅手续。

⑤与实验工作无关的人员不得查阅检测报告和原始记录，且不允许复印。资料室的工作人员应严格为委托方保守机密。

⑥技术资料的管理要做防火、防盗、防蛀工作，防止资料损坏，丢失技术资料应作为质量事故处理。

⑦检测人员不从事或参与同检测样品有关的研制、生产、经营和技术咨询等工作，对委托方提供的资料、试样及检测数据、结果负有保密义务，不得丢失，未经委托方同意，检测人员及本部门不得利用，也不得提供第三方利用。

3. 实验室数据信息授权管理

随着互联网的发展，实验室数据信息逐渐电子化，计算机操作系统作为工作站的运行平台应进行账户管理，应用于数据信息采集和管理的计算机应设置管理员权限、标准用户权限、受限制用户权限等，具体如表 6-4 所示。

表 6-4　　数据信息相关人员及权限

权限等级	人员	拥有权限
管理员权限	IT 管理员	拥有最高权限；可以修改电脑的配置
标准用户权限	实验室管理者	拥有大部分权限；可设置安装软件；修改个别文件权限；拷贝电子数据及文件；不能修改系统时间；不能删除文件
受限制用户权限	QC	拥有受限制的权限；不允许安装各类软件及新建文件夹；不能修改系统时间；不能关闭系统；不能拷贝或删除电子数据文件
三级管理员	QA	有权登录系统，进入分析员账户；在授权后可进行分析方法修改；对方法、数据进行复核，可进行文件备份
四级管理员	实验室仪器组 QC 人员	有权进行常规的仪器分析操作；使用应用软件程序，对仪器设备进行硬件配置，更改仪器网络位置

工作站软件是数据采集和处理的工具，直接产生检测数据，因此需由品质部授权相应的系统管理员、实验室管理员、分析员、质量保证（QA）人员完成数据采集、复核、修改、备份、恢复和管理。为确保电子数据的真实、有效，针对不同的人员，授权操作，需设置相应的访问权限。

为实验室的每种仪器工作站软件建立权限表，规定每种软件的使用角色的权限，一般由实验室管理员建立，质量保证人员复核确认，并由质量授权人批准后执行，年度仪器验证时对权限表进行再确认。如需进行权限的调整，需实验室管理员审核，并经质量授权人批准后，由质量保证人员监督实施。

（1）管理员命名与权限设置　每一个权限级别的人员，由系统管理员或实验室管理员分别设置不同的用户名和初始密码，在使用过程中不得分享密码，密码一般每三个月更改一次，并做好更改记录。用户名一经使用不得更改，不得再指定给他人，保证唯一性。上述所有人员应经过使用和管理权限的培训，并经考核合格后才能上岗独立操作。

①软件登录用户名及密码统一由系统管理员或指派负责人员分配，初次分配时，按权限级别给予每人一个用户名及密码，密码需由数字与字母组成，要求不少于6位。当人员增加时，系统管理员或实验室管理员应及时增加用户名及密码，做好权限分配。

②当人员离职、调离原工作岗位，系统管理员或实验室管理员应及时删除用户名及密码；当相关人员权限等级需要调整时，系统管理员或实验室管理员应及时调整权限，并在相应权限下分配新的密码。

③为防止密码遭暴力破解，每一个账户输入的密码错误次数一般不能超过3次/日，如超过此限度，账户即被锁定，需通知互联网技术（IT）管理员解除锁定，且密码每60日应重新设置。

④计算机系统应设置电脑屏保，且屏保时间不超过3min，每次开机使用应当验证一次，以确保操作人员短时间内离开，其他人员不至于误操作或误修改。

（2）数据分类　电子数据分为一般数据和重要数据两种，一般数据主要是个人或部门的各种信息及办公文档，电子邮件、人事档案、考勤管理等。重要数据主要包括公司良好生产规范（GMP）文件、高效液相色谱图谱、气相色谱图谱、红外光谱图谱、紫外光谱图谱、原子吸收图谱、数据扫描等数字、声音、图像数据。

4. 数据管理与备份

（1）一般数据　由各部门操作员每月自行备份，经复核后，将整理归档后的纸质及电子档交实验室管理员，实验室管理员每半年对数据资料进行收集归档备份，并复核备份的完整性和正确性。

（2）重要数据

①计算机使用之前，应对系统进行确认，对登录系统及仪器工作站的人员进行账户管理，分配相应权限，仪器工作站软件按照上述授权进行登录及相应数据管理，人员岗位发生变动后，及时进行账号权限的变更管理，数据接口均锁定，对于存储介质的接入进行限制。

②对于计算机系统中使用的实验室建立的电子计算机表格，在应用前均应根据使用要求制订验证方案，对安装、运行、安全性及准确性等进行验证，经审核批准后方可使用，发生改动和变更应按规定再行验证。在检测过程中如有应用，均应留存，并打印纸质版随检验记录留档。

③分析仪器所用计算机内重要数据，如工作站无自带数据库管理，则通过固定路径，建立单独文件夹保存。

④对于计算机系统中的文件，涉及检测数据的，一般均要求在编辑完成并复核后，设置为只读模式，由质量保证人员进行管理，避免未经授权的删除、更改或其他误操作。

⑤对于能够开启审计追踪的仪器，在进行了 3Q 确认（安装确认、运行确认、性能确认）后即开启审计追踪，使检测仪器的所有操作及分析痕迹自动存入设备审计追踪目录内，并确保不可进行任何修改或删除，同时依据《SMP-QC0035 实验室审计追踪复核管理规程》进行复核管理。对于无审计追踪功能的仪器，实验室负责人每天下班前核对电子数据和使用台账，发现不相符即刻报告偏差。

⑥计算机系统中的文件备份应当至少每月进行一次，系统管理员开启数据接口后，由授权质量保证人员完成备份，备份介质交实验室管理员或文件管理员保存至档案室。

⑦用于收集、处理、记录、报告、存储或检索数据的实验室信息管理系统，在投入使用前应进行功能确认，包括实验室信息管理系统中接口的正常运行。对管理系统的任何变更，包括修改实验室软件配置或现成的商业化软件，在实施前都应被批准、形成文件并确认。

⑧当实验室信息管理系统在异地或由外部供应商进行管理和维护时，实验室应确保系统的供应商或运营商符合管理和维护的所有使用要求。

（六）实验室信息化发展的前景

实验室信息系统一方面可以独立操作；另一方面又以松散的结构与其他电子数据处理系统共同工作。计算机软件的一个重要的发展趋势就是可识别性，也就是人们可以事先了解和预设软件的适用性，这样软件就不受硬件的完全限制，使开发出来的软件不必随着硬件的更新而不断改变；另一个发展趋势就是软件模块化，即形成越来越多的标准模块，这样可以减少软件的不兼容性，减少开发成本和增强购买力。比如，越来越专业的数字处理系统和计算程序的出现，完全不必在实验室信息系统中再设计。

实验室系统与其他系统的数据交换，将变得越来越重要。实验室既要立足于主动开发，又要有统揽全局的眼光，一定应在遵循信息化管理的大前提下进行，否则所有精力和财力都可能变成无效的额外功。

在选择购买或自行设计实验室系统时，应该认识到任何系统都不可能包罗万象而完美无缺，假若出现了真正完善、功能全面的系统，那么该软件将十分复杂。因此，未来的实验室信息管理的发展，将是多元化、功能相似、数据相通的模式。

项目实施

大型精密仪器实验室使用管理制度制订

一、 目标

通过制订大型精密仪器实验室使用管理制度，初步了解大型精密仪器的使用规范，实验室数据信息及时归档和保存的重要性，为后期实习实训打下基础；通过完成任务，培养信息搜集能力，具备信息安全意识、规范意识和法律意识，在今后工作中能够遵纪守法。诚实守信。

二、 分析

现有一间大型精密仪器实验室，里面有 1 台红外光谱仪、1 台原子吸收分光光度计、2 台气相色谱仪和 1 台液相色谱-质谱联用仪。请你根据大型精密仪器的使用特点，制订该实验室使用管理制度，包括但不限于环境、人员、使用情况记录及实验数据保存等方面。

三、 实施

（1）学生查阅整理大型精密仪器的使用环境和人员要求。
（2）设计大型精密仪器使用记录卡。
（3）制订使用管理制度。
（4）小组整理、汇报。
（5）通过小组内互评、组间互评及教师评价三方面对任务结果综合打分。

四、 评价

（1）以小组为单位完成任务，明确小组成员分工。
（2）根据小组成员参与程度及完成度进行组内互评。
（3）组间根据每组完成任务质量进行投票排序。
（4）教师根据组间互评及任务完成情况综合评价，具体见表 6-5。

表 6-5　　综合评价表

<table>
<tr><td rowspan="6">组内互评
（30%）</td><td>姓名</td><td colspan="2">得分</td></tr>
<tr><td></td><td colspan="2"></td></tr>
<tr><td></td><td colspan="2"></td></tr>
<tr><td></td><td colspan="2"></td></tr>
<tr><td></td><td colspan="2"></td></tr>
<tr><td>平均分</td><td colspan="2"></td></tr>
<tr><td>组间互评
（20%）</td><td colspan="3"></td></tr>
<tr><td rowspan="5">教师评价
（50%）</td><td>评价指标</td><td>分值</td><td>备注</td></tr>
<tr><td>大型精密仪器对环境要求</td><td>15</td><td>温度、湿度、水、电、气等</td></tr>
<tr><td>大型精密仪器使用人员要求</td><td>5</td><td>专业要求、素质要求</td></tr>
<tr><td>设计大型精密仪器使用记录卡</td><td>10</td><td>实用性</td></tr>
<tr><td>制订使用管理制度</td><td>20</td><td>全面、规范</td></tr>
<tr><td>实训成绩
（满分 100 分）</td><td colspan="3"></td></tr>
</table>

思考题

1. 如何进行实验室文件的档案管理？
2. 灭火器基本操作流程有哪些？
3. 实验室安全防护有哪些方面？
4. 生物安全实验室主要分为哪几个等级及其适用范围？
5. 实验室常见应急意外情况有哪几种，该如何处理？
6. 请简单分析数据信息相关人员及权限。

模块六　在线测试

模块七

实验室认证认可

学习目标

知识目标

1. 了解关于实验室认证认可相关的基本概念。
2. 掌握实验室认证认可的申请流程、评审准备以及现场评审的要点。

能力目标

1. 根据实验室认证认可的相关要求，能够准备认证认可申请的书面材料。
2. 根据实验室认证认可的流程，能够准备现场评审材料。

素质目标

1. 遵纪守法，与时俱进，不断学习熟悉新的法律法规、检验标准及技术规范。
2. 具备良好的沟通能力、分析能力以及团结协作能力，可快速应对并解决认证认可过程中出现的问题。

案例导入

某校为了推进校企深度合作，进一步提升食品检测专业人才培养的质量，拟新建一家农产品的第三方检测中心，如果全程请您负责，请从该检测中心的设计、制度的建立、人员、设备等方面进行规划，以保障该中心建成后可以通过相关部门的认证，从而可以顺利地承接农产品的第三方检测任务。

项目一

实验室认证认可的发展

一、基本概念

1. 评审

评审是指为获得和客观地评价评审证据，以确定满足审核准则程度所实施的系统的、独立的和文件化的过程。

2. 认证

认证是指由认证机构证明产品、服务、管理体系符合相关技术标准、技术规范或其强制性要求的合格评定活动。

3. 认可

认可是指由认可机构对认证机构、检查机构、实验室以及从事评审、审核等认证活动人员的能力和执业资格，予以承认的合格评定活动。

4. 资质认定

国家认证认可监督管理委员会和各省、自治区、直辖市人民政府省级质量技术监督部门依据有关法律法规和标准、技术规范的规定，对检验检测机构的基本条件和技术能力是否符合法定要求实施的评价许可。

5. 实验室认可

实验室认可机构对实验室有能力进行规定类型的检测和（或）校准所给予的一种正式承认。

6. 检验检测机构

检验检测机构是依法成立，依据相关标准或者技术规范，利用仪器设备、环境设施等技术条件和专业技能，对产品或者法律法规规定的特定对象进行检验检测的专业技术组织。

7. 实验室

实验室指进行校准或检测的实体。如果实验室只是某组织的一部分，该组织除了进行校准和检测工作以外，还进行其他活动，则实验室仅指该组织为从事检测工作的那一部分。

8. 实验室评审

实验室评审是为评价校准和检测实验室是否符合规定的实验室认可准则而进行的一种检查。实验室评审的目的是为了证实获准认可机构在认可有效期内持续地符合认可要求，并保证在认可规则和认可准则修订后，及时将有关要求纳入质量体系。

9. 资质认定评审

资质认定评审是由国家认证认可监督管理委员会和各省、自治区、直辖市人民政府省级质量技术监督部门依据《中华人民共和国行政许可法》的有关规定，自行或者委托专业技术评价机构，组织评审人员，对检验检测机构的基本条件和技术能力是否符合《检验检测机构资质认定评审准则》和评审补充要求所进行的审查和考核。

10. 现场评审

现场评审是为了对申请认证认可的实验室是否符合认证认可准则相关要求而进行现场验证所做的一种访问。

11. 质量

质量指事物、产品或工作的优劣程度。在国际标准化组织中对质量的定义为“一组固有特性满足要求的程度”。

12. 管理

管理指指挥和控制组织的协调活动。

13. 质量管理

质量管理指在质量方面指挥和控制组织的协调活动。

14. 质量管理体系

质量管理体系是在质量方面指挥和控制组织的管理体系。

15. 质量手册

质量手册是规定组织质量管理体系的文件。为了适应组织的规模和复杂程度，质量手册在其详略程度和编排格式方面可以不同。

16. 程序文件

程序文件是为进行某项活动或过程所规定的途径。程序可以形成文件，也可以不形成文件。当程序形成文件时，通常成为“书面程序”或“形成文件的程序”。含有程序的文件可称为“程序文件”。

17. 作业指导书

作业指导书是用以指导某个具体过程、事物形成的技术性细节描述的可操作性文件。作业指导书是针对某个部门内部或某个岗位的作业活动的文件，侧重描述如何进行操作，是对程序文件的补充或具体化。对这类文件有不同的具体名称，如工艺规程、工作指令、操作规程等。

18. 管理评审

管理评审是最高管理者为评价管理体系的适宜性、充分性和有效性所进行的活动。管理评审的主要内容是组织的最高管理者就管理体系的现状、适宜性、充分性和有效性以及方针和目标的贯彻落实及实现情况组织进行的综合评价活动，其目的就是通过这种评价活动来总结管理体系的业绩，并从当前业绩上考虑找出与预期目标的差距，同时还应考虑任何可能改进的机会，并在研究分析的基础上，对组织在市场中所处地位及竞争对手的业绩予以评价，从而找出自身的改进方向。

19. 内部审核

内部审核由组织自己或以组织的名义进行，审核的对象是组织自己的管理体系，验证组织的管理体系是否持续地满足规定的要求并且正在运行。它为有效的管理评审和纠正、预防措施提供信息，其目的是证实组织的管理体系运行是否有效，可作为组织自我合格声明的基础。在许多情况下，尤其在小型组织内，可以由与受审核活动无责任关系的人员进行，以证实独立性。

20. 能力验证

能力验证指按照预先制订的准则，通过实验室间比对，来评价参加者的能力。

21. 实验室间比对

实验室间比对指按照预先规定的条件，由两个或多个实验室对相同或类似的被测物品进行检测的组织、实施和评价。

22. 检测（测试、试验）

检测（测试、试验）指按照规定程序，由确定给定产品的一种或多种特性进行处理或提供服务所组成的技术操作。

23. 检查

检查是对产品设计、产品、服务、过程或工厂的核查，并确定其与特定要求的符合性，或在专业判断的基础上，确定与通用要求的符合性。

24. 合同评审

合同评审指合同签订前，为了确保质量要求规定合理、明确并形成文件，且供方能实现，由供方所进行的系统的活动。

25. 审核

审核指为获得审核证据并对其进行客观的评价，以确定满足审核准则的程度所进行的系统的、独立的并形成文件的过程。审核包括内部审核（第一方审核）和外部审核（第二方审核和第三方审核）。

26. 文件

文件指信息及其承载媒体，如记录、规范、程序文件、图样、报告及标准等。

27. 标准

标准是为促进最佳的共同利益，在科学、技术、经验成果的基础上，由各有关方面合作起草并协商一致或基本同意而制定的适合公用并经标准化机构批准的技术规范和其他文件。

二、 实验室认证认可的意义与作用

（一）实验室认证认可的意义

1. 实验室自身发展的需要

检测报告或校准证书是实验室最终成果的体现，能否向社会出具高质量、准确、可靠、及时的报告或证书，并得到社会各界的依赖和认可，已成为实验室能否适应市场经济需求的核心问题，而实验室认证认可为人们在对检测数据的信任上提供了信心。实验室按照相应准则要求建立质量管理体系，不仅可以向社会、客户证明自己的技术能力，而且还可以实现实验室的自我更新和自我完善，不断提高检测技术能力，适应检测市场不断提出的新要求。

2. 社会发展的需要

（1）发展贸易的需要　随着产品类型与品种快速增长，技术含量越来越高，相应的产品标准、规范和法规日趋繁杂，同时更多产品生产供应商为了提高自身竞争力，希望通过检测显示其产品的高技术和高质量，以加大进入其他国家市场的力度，并借用检测形成某种技术性贸易壁垒，阻挡外来商品进入本国或本地区的市场。因而对实验室的专业技术能力、对检测与校准结果正确性和有效性的要求也日益迫切。

我国的认可机构已经签署与亚太实验室认可合作组织（APLAC）以及国际实验室认可合作组织（ILAC）的相互承认协议（MRA/MLA）。该协议的签署，为我国实验室参与国际活动建立了一条"高速公路"。实验室在获得中国合格评定国家认可委员会的认可之后，便可以利用这条途径通向协议的其他签署方，从而得到更广泛的承认。这样既可以增加我国实验室与国际同行间的交流，也可以通过利用互认协议降低成本的优势吸引更多的实验室顾客。

（2）政府管理的需要　政府管理部门在履行宏观调控、规范市场行为以及保护消费者的健康和安全的职责中，需要客观、准确的检测数据来支持其管理行为，因此也需要各类实验室能按照统一的标准进行能力认可。

实验室是政府部门对各种产品进行监督管理的重要技术支持机构，为政府做出有关决定甚至是决策提供依据。根据《中华人民共和国计量法》《中华人民共和国计量法实施细则》《中华人民共和国标准化法》《中华人民共和国产品质量法》中的规定，为社会提供公正数据的产品质量检验机构或其他技术机构，必须经省级以上政府计量行政部门考核合格，取得计量认证合格证书。原国家技术监督局曾经要求国家级的质检中心必须通过实验室认可表明其能力。

（3）公证活动的需要　随着产品质量责任诉讼的不断增加，产品检测结果成为责任划分的重要依据。因此，对检测数据的技术有效性和实验室的公正性和独立性保障越来越成为关注的焦点，实验室认可的作用日渐被社会各界所承认。

（4）产品质量认证发展的需要　产品质量认证需要实验室的检测结果的支持，如型式试验，因此客观、准确的检测也需要通过认可的实验室来提供保证。

（二）实验室认证认可的作用

1. 表明实验室具备的能力

通过认证认可的实验室表明其可按相应认可准则开展检测和校准服务的技术能力。在我国，通过资质认定的检验检测机构出具的报告在国内具有法律效力。

在执法检测、仲裁检验、产品认证中需要大量使用具备第三方公正地位的实验室从事产品检测工作，实验室检测在产品认证过程中扮演了十分重要的角色。因此，实验室的资格和技术能力的评价显得尤为重要，它表明实验室的资格和能力符合规定的要求，可满足检测任务的需要。

2. 提升实验室信誉和知名度

通过认证认可的实验室可在相应的能力范围内使用相应标志，如检验检测机构资质认定标志（CMA）、CNAS 国家实验室认可标志和 ILAC 国际互认联合标志，提高报告的信誉度。

通过认证认可的实验室可列入获准认证认可机构名录，提高知名度。增强市场竞争能力，赢得政府部门、社会各界的信任。

检验检测机构资质认定标志（视频）

3. 获得签署互认协议方国家和地区认可机构的承认

在市场经济和国际贸易中，买卖双方十分需要检测数据来判定合同中的质量要求。各国通过签署双边或多边互认协议，促进检测结果的国际互认，避免重复性检测，降低成本，简化程序，促进了国际贸易的有序发展。通过 CNAS 认可的实验室，同时也获得 ILAC 的认可，为实现产品“一次检测、全球承认”的目标奠定了基础，同时，也有机会参与国际间合格评定机构认可双边、多边合作交流。

三、 实验室认证认可活动的发展

实验室认证认可始于 20 世纪 40 年代，作为英联邦成员之一的澳大利亚，当年由于缺乏一致的检测标准和手段，在第二次世界大战中不能为英军提供军火。为此，在第二次世界大战后他们便着手建立一致的检测体系。1947 年，澳大利亚建立了世界上第一个国家实验室认证认可体系，并成立了认证认可机构——澳大利亚国家检测机构协会（NATA）。20 世纪 60 年代英国也建立了实验室认证认可机构，从而带动了欧洲各国实验室认证认可机构的建立；70 年代，美国、新西兰和法国等国家也开展了实验室认证认可活动；80 年代，实验室认证认可发展到东南亚，新加坡、马来西亚等国家建立了实验室认证认可机构；90 年代，更多的发展中国家（包括我国）也加入了实验室认证认可行列。

随着各国实验室认证认可机构的建立，20 世纪 70 年代初，在欧洲出现了区域性的实验室认可合作组织，经过不断发展，目前国际上已成立了 APLAC、欧洲认可合作组织（EA）、泛美认可合作组织（IAAC）和南部非洲认可发展合作组织（SADCA）四大与实验室认可有关的区域组织。同时，为了推进国际范围内实验室认可活动的合作与互认，1977 年在丹麦哥本哈根成立了国际实验室认可大会（International Laboratory Accreditation Conference），简称 ILAC，并于 1996 年由一个松散的论坛形式转变成一个实体，即国际实验室认可合作组织（International Laboratory Accreditation Cooperation），简称仍为 ILAC。

四、 我国的实验室认证认可活动

（一）我国的实验室认证认可活动的产生和发展

我国的认证工作伴随着改革开放而发展起来，首先从电工产品和电子元器件产品认证开始，逐渐扩大到其他的产品和领域。当时原国家标准局和原国家进出口商品检验局（SACI）共同派员组团参加了当年在法国巴黎召开的国际实验室认可大会（ILAC）。

“十四五”认证认可检验检测发展规划（图片）

国际实验室认可大会的宗旨和目的是通过实验室认可机构之间签署相互承认协议，达到相互承认、认可实验室出具的检测报告，从而减少贸易中商品的重复检测、消除技术壁垒、促进国际贸易发展，这与中国改革开放的政策相符。因此，原国家标准局和 SACI 分别研讨和逐步组建了实验室认可体系。1979 年成立的国家标准局内设质量监督局负责全国质检机构的规划建设和考核工作。1983 年，国家进出口商品检验局会同机械工业部实施机床工具出口产品质量许可制度，对承担该类产品检测任务的 5 个检测实验室进行了能力检查评定，此时政府部门作为出口产品质量许可制度的组织实施者，同时也是实验室检测结果的用户。对实验室检测能力的评价考核，不但使接受检查评定的实验室具有了承担国家指令性检测任务的资格，还促进了实验室的管理工作，提高了其检测结果的可信性。

1986 年，通过国家经济管理委员会授权，国家标准局开展对检测实验室的评价工作。原国家计量局依据《中华人民共和国计量法》对全国的产品质检机构开展计量认证工作。1994 年，国家技术监督局依据 ISO/IEC 导则 58 成立了中国实验室国家认可委员会（CNACL）。

1989 年，国家进出口商品检验局成立了中国进出口商品检验实验室认证管理委员会，形成了以国家进出口商品检验局为核心，由东北、华北、华东、中南、西南和西北 6 个行政大区实验室考核领导小组组成的进出口领域实验室认可工作体系。1996 年，依据 ISO/IEC 导则 58，改组成立了中国国家进出口商品检验实验室认可委员会（CCIBLAC）。

2000 年 8 月召开的中国国家进出口商品检验实验室认可委员会第二届委员会第一次会议上，将中国国家进出口商品检验实验室认可委员会名称更为中国国家出入境检验检疫实验室认可委员会。

这个时期，我国的实验室认可工作主要以行政管理为主。2001 年 8 月，国务院组建中国国家认证认可监督管理委员会（中国国家认证认可监督管理局，简称国家认监委），授权其统一管理、监督和综合协调全国认证认可工作。

随着国际认证认可规则的日趋完善，我国认证认可方面的许多工作已经不适应当前认证认可发展的要求。如认证认可法律规范相对滞后；认证认可工作中政出多门、交叉管理、多重标准、监督不力；认证市场存在一定的混乱现象，严重影响了认证认可市场的健康、有序发展等。同时，我国在加入世界贸易组织时，承诺对重要的进口产品质量安全许可制度和我国产品安全认证强制性监督管理制度将实行“四个统一”，建立符合世界贸易组织规则的法律、法规体系。

为了使我国的有关法律、法规符合社会主义市场经济发展需要和世界贸易组织规则的要求，使认证认可工作尽快纳入法制化、规范化轨道，2002 年 4 月，国家认证认可监督管理委员会会同有关部门开始了《认证认可条例》的起草工作，经过广泛征求意见和反复修改后，完成《中华人民共和国认证认可条例（送审稿）》。2002 年 9 月，国家质量监督检验检疫总局将《中华人民共和国认证认可条例（送审稿）》报国务院审议。国务院法制办在先后四次书面征求了全国人民代表大会常务委员会法制工作委员会和国务院有关部门的意见后，形成了《中华人民共和国认证认可条例（草案）》。2003 年 8 月 7 日，经国务院办公厅秘书局复核，上报国务院常务会议审议。

2003 年 8 月 20 日，时任国务院总理温家宝同志主持召开国务院第 18 次常务会议，审议并原则通过了《中华人民共和国认证认可条例（草案）》，经进一步修改后，公布施行。2003 年 9 月 3 日，时任国务院总理温家宝同志签署第 390 号国务院令，公布《中华人民共和国认证认可条例》，自 2003 年 11 月 1 日起正式施行。

2016 年 2 月 6 日，根据中华人民共和国国务院令第 666 号《国务院关于修改部分行政法规的决定》，对《中华人民共和国认证认可条例》（以下简称《认证认可条例》）进行了第一次修订；2020 年 11 月 29 日，根据《国务院关于修改和废止部分行政法规的决定》进行了第二次修订。

《中华人民共和国认证认可条例》（文档）

《认证认可条例》的公布与修订，推进了高水平的对外开放，对提升贸易投资合作质量和水平，稳步扩大规则、规制、管理、标准等制度型开放具有重要作用。对于认证认可监督管理部门坚持依法行政，转变政府职能，推进认证认可事业的发展具有重要的指导意义。

1. 为促进我国经济和社会发展发挥重要作用

认证认可是社会经济、科技和文化进步的产物。在发展先进生产力的过程中，产品、服务质量以及管理水平是不可忽视的重要因素。实践证明，认证认可工作开展以来，极大地促进了我国产品、服务质量和管理水平的提高。但是，以发展的眼光看，国际认证认可制度在不断完善，产品、服务和管理等领域的国际标准在不断提高，我国经济和社会的发展正在呈现出注重提高质量、注重改善管理、注重可持续发展等新的特点。《认证认可条例》在吸纳国际认证认可活动有益做法的基础上，充分考虑了我国经济建设和认证认可领域的实际情况，围绕如何根据我国经济和社会发展的需要，提高产品、服务和管理体系的质量，设定了基本的原则、制度和规则。毫无疑问，《认证认可条例》的公布，将会进一步增强我国参与经济全球化的实力，推动我国经济和社会向质量型、效益型和可持续发展型转变的进程。

2. 有利于推进依法行政

党中央、国务院高度重视依法行政工作，把推进依法行政看作是贯彻依法治国基本方略的重要组成部分。依法行政的前提条件是有法可依。《认证认可条例》的公布，使国家认证认可监督管理委员会在加强依法行政的指示精神方面，有了可靠的法律保障，为今后国家认证认可监督管理委员会依法开展各项工作，奠定了坚实的法制基础。

3. 有利于实现政府职能的转变

《认证认可条例》对国务院认证认可监督管理部门的职权按照合理、适当、权责一致的原则予以确定，强化了政府对认证认可的宏观监管职能，政府不再直接从事认证认可活动，体现了改进管理方式、提高行政效率的行政管理体制改革的精神。

4. 进一步表明我国切实履行了加入世界贸易组织的承诺

我国在加入世界贸易组织时，在相关领域做出了具体承诺，涉及认证认可领域的承诺主要是对国产产品和进口产品的法规和技术标准的要求实现“四个统一”，即统一产品目录，统一技术规范的强制性要求、标准和合格评定程序，统一标志，统一收费标准。《认证认可条例》对“四个统一”做出了具体明确的规定，完善了以“四个统一”为主要内容的强制性产品认证制度，把我国加入世界贸易组织的承诺以法律的形式予以制度化，这在世界贸易组织成员中是不多见的，充分表明了我国政府在履行加入世界贸易组织承诺的问题上，态度严肃、行动坚决、措施到位。

（二）中国国家认证认可监督管理委员会（CNCA）

中国国家认证认可监督管理委员会（中华人民共和国国家认证认可监督管理局，Certification and Accreditation Administration of the People's Republic of China，简称 CNCA）是国务院决定组建并授权，履行行政管理职能，统一管理、监督和综合协调全国认证认可工作的主管机构。CNCA 主要有以下工作职能。

（1）研究起草并贯彻执行国家认证认可、安全质量许可、卫生注册和合格评定方面的法律、法规和规章，制定、发布并组织实施认证认可和合格评定的监督管理制度、规定。

（2）研究提出并组织实施国家认证认可和合格评定工作的方针政策、制度和工作规则，协调并指导全国认证认可工作。监督管理相关的认可机构和人员注册机构。

（3）研究拟定国家实施强制性认证与安全质量许可制度的产品目录，制定并发布认证标志（标识）、合格评定程序和技术规则，组织实施强制性认证与安全质量许可工作。

（4）负责进出口食品和化妆品生产、加工单位卫生注册登记的评审和注册等工作，办理注册通报和向国外推荐事宜。

（5）依法监督和规范认证市场，监督管理自愿性认证、认证咨询与培训等中介服务和技术评价行为；根据有关规定，负责认证、认证咨询、培训机构和从事认证业务的检验机构（包括中外合资、合作机构和外商独资机构）的资质审批和监督；依法监督管理外国（地区）相关机构在境内的活动；受理有关认证、认可的投诉和申诉，并组织查处；依法规范和监督市场认证行为，指导和推动认证中介服务组织的改革。

（6）管理相关校准、检测、检验实验室技术能力的评审和资格认定工作，组织实施对出入境检验检疫实验室和产品质量监督检验实验室的评审、计量认证、注册和资格认定工作；负责对承担强制性认证和安全质量许可的认证机构和承担相关认证检测业务的实验室、检验机构的审批；负责对从事相关校准、检测、检定、检查、检验检疫和鉴定等机构（包括中外合资、合作机构和外商独资机构）技术能力的资质审核。

（7）管理和协调以政府名义参加的认证认可和合格评定的国际合作活动，代表国家参加国际认可论坛（IAF）、太平洋认可合作组织（PAC）、国际人员认证协会（IPC）、ILAC、APLAC 等国际或区域性组织以及国际标准化组织（ISO）和国际电工委员会（IEC）的合格评定活动，签署与合格评定有关的协议、协定和议定书；归口协调和监督以非政府组织名义参加的国际或区域性合格评定组织的活动；负责 ISO 和 IEC 中国国家委员会的合格评定工作。负责认证认可、合格评定等国际活动的外事审批。

（8）负责与认证认可有关的国际准则、指南和标准的研究和宣传贯彻工作；管理认证认可与相关的合格评定的信息统计，承办世界贸易组织/技术性贸易壁垒协定、实施卫生与植物卫生措施协定中有关认证认可的通报和咨询工作。

（9）配合国家有关主管部门，研究拟订认证认可收费办法并对收费办法的执行情况进行监督检查。

2018 年 3 月，根据第十三届全国人民代表大会第一次会议批准的国务院机构改革方案，将国家认证认可监督管理委员会职责划入国家市场监督管理总局，对外保留牌子。原有国家认监委的相关业务职能由国家市场监督管理总局认证监督管理司和认可与检验检测监督管理司承担。

认证监督管理司：拟订实施认证和合格评定监督管理制度。规划指导认证行业发展并协助查处认证违法行为。组织参与认证和合格评定国际或区域性组织活动。

认可与检验检测监督管理司：拟订实施认可与检验检测监督管理制度。组织协调检验检测资源整合和改革工作，规划指导检验检测行业发展并协助查处认可与检验检测违法行为。组织参与认可与检验检测国际或区域性组织活动。

认证监督管理司和认可与检验检测监督管理司的组织机构设置分别如图 7-1 所示。

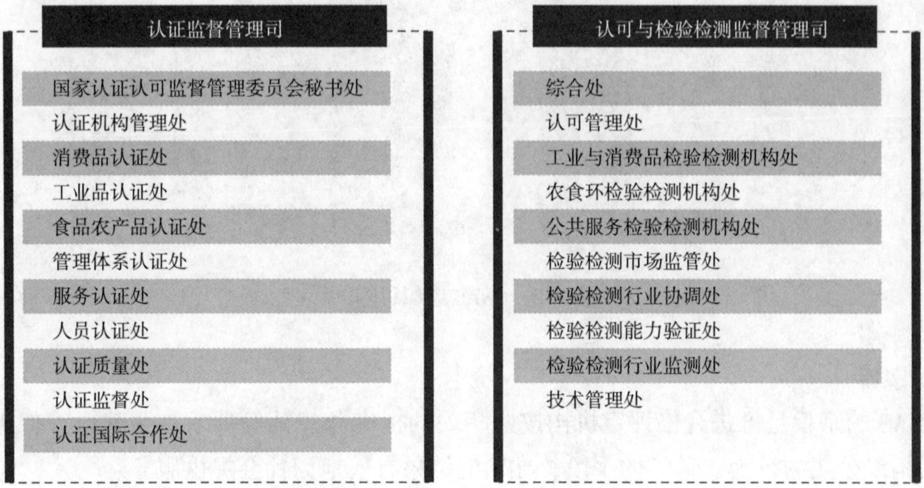

图 7-1　认证监督管理司和认可与检验检测监督管理司的组织机构设置图

（三）中国合格评定国家认可委员会（CNAS）

中国合格评定国家认可委员会（China National Accreditation Service for Conformity Assessment，CNAS），是根据《中华人民共和国认证认可条例》的规定，由 CNCA 批准设立并授权的国家认可机构，统一负责对认证机构、实验室和检查机构等相关机构的认可工作。

CNAS 由原中国认证机构国家认可委员会（英文简称为 CNAB）和原中国实验室国家认可委员会（英文简称为 CNAL）合并而成。CNAS 通过评价、监督合格评定机构（如认证机构、实验室、检查机构）的管理和活动，确认其是否有能力开展相应的合格评定活动

（如认证、检测和校准、检查等）、确认其合格评定活动的权威性，发挥认可约束作用。CNAS 的组织机构如图 7-2 所示。

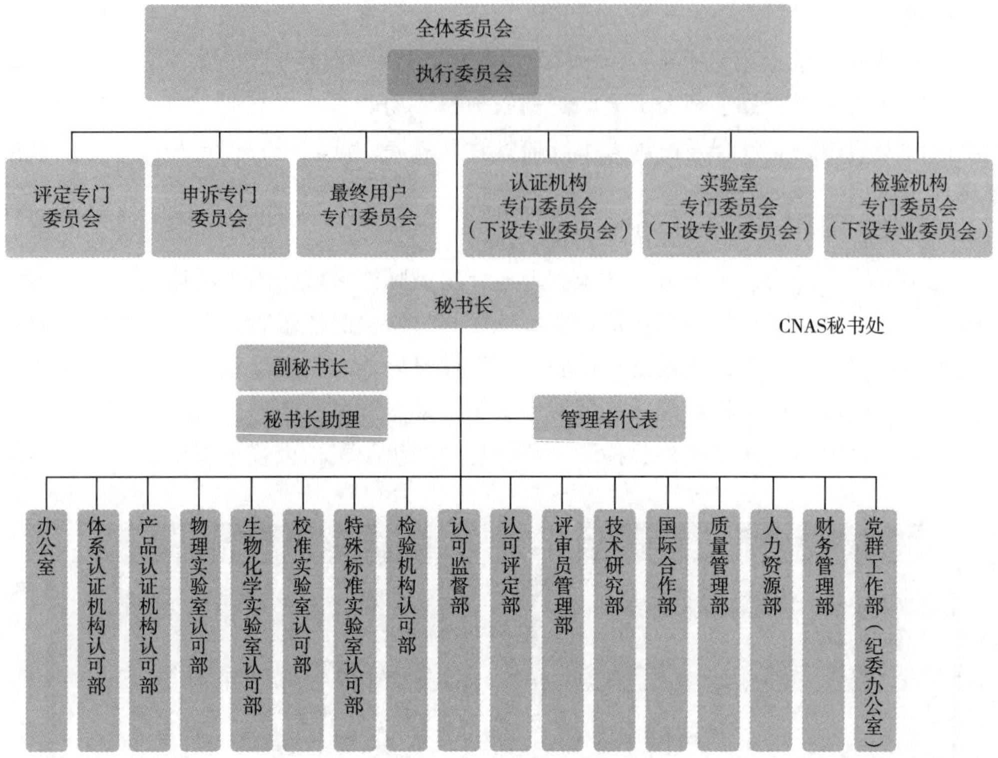

图 7-2　CNAS 组织机构图

1. 宗旨

CNAS 的宗旨是推进合格评定机构按照相关的标准和规范等要求加强建设，促进合格评定机构以公正的行为、科学的手段、准确的结果有效地为社会提供服务。

2. 主要任务

（1）按照我国有关法律法规，国际和国家标准、规范等，建立并运行合格评定机构国家认可体系，制定并发布认可工作的规则、准则、指南等规范性文件。

（2）对境内外提出申请的合格评定机构开展能力评价，作出认可决定，并对获得认可的合格评定机构进行认可监督管理。

（3）负责对认可委员会徽标和认可标识的使用进行指导和监督管理。

（4）组织开展与认可相关的人员培训工作，对评审人员进行资格评定和聘用管理。

（5）为合格评定机构提供相关技术服务，为社会各界提供获得认可的合格评定机构的公开信息。

（6）参加与合格评定及认可相关的国际活动，与有关认可及相关机构和国际合作组织签署双边或多边认可合作协议。

（7）处理与认可有关的申诉和投诉工作。

（8）承担政府有关部门委托的工作。

（9）开展与认可相关的其他活动。

3. 国际认可互认体系

中国合格评定国家认可制度已经融入国际认可互认体系，并在国际认可互认体系中有着重要的地位，发挥着重要的作用。CNAB 为 IAF、PAC 正式成员并分别签署了多边互认协议 IAF MLA 和 PAC MLA，CNAL 是 ILAC 和 APLAC 正式成员并签署了多边互认协议 ILAC MRA 和 APLAC MRA。目前我国已与其他国家和地区的 35 个质量管理体系认证和环境管理体系认证认可机构签署了互认协议，已与其他国家和地区的 54 个实验室认可机构签署了互认协议。CNAS 将继续保持 CNAB 和 CNAL 在 IAF、ILAC、APLAC 和 PAC 的正式成员和互认协议签署方地位。

（四）资质认定和实验室认可的区别与联系

1. 性质不同

资质认定和实验室认可的区别与联系（视频）

资质认定是强制性的，是促进质检机构进行规范化、科学化和标准化的质量管理，提高检测人员素质、检测技术水平以及检测数据的可靠性和准确性的手段。凡是对社会出具公正数据的实验室都必须申请并通过资质认定，在规定期限内不通过认证，其出具的数据会失去第三方公正性和权威性，即失去法律效力。资质认定是政府行为，属于行政审批的范畴。

实验室认可秉承的是自愿、非歧视的原则。在市场经济条件下，实验室认可更多地遵循自愿认可的原则，并努力为实验室的检测服务提供平等竞争的机会和环境，促进检测市场的形成，资源的深度开发和合理配置。实验室认可是市场行为，属于社会公信范畴。

2. 实施主体不同

资质认定分两级实施：国家市场监督管理总局主管全国检验检测机构资质认定工作，并负责检验检测机构资质认定的统一管理、组织实施、综合协调工作。省级市场监督管理部门负责本行政区域内检验检测机构的资质认定工作。资质认定只针对国内的实验室，检测报告只在国内有效，是一项非国际化的活动。

实验室认可由 CNAS 组织和运作。CNAS 代表我国参加了 ILAC 以及 APLAC，并与 APLAC 成员签订了检测结果互认协议，是一项国际化的活动。

3. 依据标准不同

2017 年 10 月 16 日，国家认证认可监督管理委员会印发了《国家认监委关于发布 2017 年第四批认证认可行业标准的通知》，发布了 RB/T 214—2017《检验检测机构资质认定能力评价 检验检测机构通用要求》等五项涉及检验检测机构资质认定评审和管理的认证认可行业标准。资质认定评审遵循“通用要求+特殊要求”的模式。RB/T 214—2017《检验检测机构资质认定能力评价 检验检测机构通用要求》，适用所有检验检测领域。

RB/T 214—2017《检验检测机构资质认定能力评价　检验检测机构通用要求》（文档）

《检验检测机构资质认定管理办法》（文档）

《检验检测机构资质认定管理办法》解读（文档）

实验室认可依据 GB/T 27025—2019《检测和校准实验室能力的通用要求》，CNAS 将其等同采用为 CNAS-CL01—2018《检测和校准实验室能力认可准则》，其内容的主体部分共 25 个要素，108 条。

4. 结果与作用不同

资质认定后，实验室可以在检测报告上加盖检验检测机构资质认定标志，同样表明其检测数据和结果是可信的。政府或授权机构可以引用这些数据和结果对产品或工程质量进行监督、评价、发放许可证等，然而只在中华人民共和国境内有效，不具有国际互认的效力。

实验室认可后，实验室可以在检测报告上加盖国家实验室认可标志，表明其检测数据和结果是可信的，实验室之间应该互认。如果再与 CNAS 签订了多边互认协议，还可以加盖 MRA 标志，则国际实验室间也应该互认。

GB/T 27025—2019《检测和校准实验室能力的通用要求》（文档）

5. 申请条件不同

资质认定必须是依法设立，保证客观、公正和独立地从事检测、校准和检查活动，并承担相应的法律责任的法人单位或授权单位。申请主体须是独立的第三方实验室、政府相关部门下属的事业单位实验室等，申请时营业执照、事业单位法人证书或其他法人证明文件的经营范围中应包含检验检测业务。

实验室认可可由第一方、第二方、第三方自愿申请，既可以是企业内部的实验室，也可以是独立的第三方实验室。

CNAS-CL01：2018《检测和校准实验室能力认可准则》（文档）

6. 需要申请的情况

资质认定的申请单位是：产品或工程质量检验机构；为社会提供公正数据的独立实验室；承担第三方检测任务的实验室。以上这些实验室必须申请并通过资质认定，取得合法检测实验室的地位。如只为本单位服务，不对外提供数据和结果的企事业单位内部的实验室，以及单纯科研或教学性质的实验室则可不需要申请。

实验室认可的申请单位是：承担进出口商品检验、进出境人员检疫、进出境动植物检疫任务的实验室；有国际合作事务的实验室；在国外承揽工程建设项目的公司的实验室；国家、行业或部门权威实验室。申请实验室认可是实现与国际接轨的重要途径。

项目实施

食品检测实验室质量手册目录编写

一、目标

通过食品检测实验室质量手册目录的编写，能够系统梳理前面学习的关于实验室布置、人员、试剂、仪器设备、质量控制等相关内容，进一步熟悉实验室管理的流程和资质认定的要求，培养按照法律法规的要求准备评审材料的能力；通过小组完成和优化任务，培养良好的沟通能力、分析能力以及团结协作能力。

二、分析

为了推动校企深度合作，学校拟与合作企业共建农产品检测中心（第三方），目前已完成硬件的准备工作，即将开展检验检测机构资质认定标志（CMA）的申请，请你根据所学知识，结合CMA认定的相关要求，编写质量手册的目录，要求涉及的内容要素要完整。

三、实施

（1）明确资质认定评审准则中的评审内容与要求。

（2）梳理前面所学相关内容，并进行资料的查阅。

（3）以小组为单位进行资料的整理、目录的编写以及汇报。

（4）通过小组内互评、组间互评及教师评价三方面对任务结果综合打分。

四、评价

（1）以小组为单位完成任务，明确小组成员分工。

（2）根据小组成员参与程度及完成度进行组内互评。

（3）组间根据每组完成任务质量进行投票排序。

（4）教师根据组间互评及任务完成情况综合评价，具体见表7-1。

表7-1　综合评价表

	姓名	得分
组内互评（30%）		
	平均分	
组间互评（20%）		

续表

	评价指标	分值	备注
教师评价（50%）	资质认定评审准则的查阅与学习	10	是否明确资质认定评审准则的具体要求
	文献查阅	10	查阅参考文献的渠道及有效性
	资料的整理、分析能力	10	思路是否清晰，表达是否流畅，是否体现团队的配合
	质量文件目录的完整性	20	要素是否齐全
实训成绩（满分 100 分）			

项目二

实验室认证认可的流程

一、 实验室认证认可的基本流程

实验室认证认可流程（视频）

申请实验室认证认可，无论是资质认定还是实验室认可，大体的工作分为实验室申请、现场评审和批准获证三个阶段。相关流程如图 7-3、图 7-4 所示。

（一）资质认定一般形式

检验检测机构资质认定程序分为一般程序和告知承诺程序。除法律、行政法规或者国务院规定必须采用一般程序或者告知承诺程序外，检验检测机构可以自主选择资质认定程序。检验检测机构资质认定推行网上审批，有条件的市场监督管理部门可以颁发资质认定电子证书。

（二）检验检测机构资质认定一般程序

（1）申请人应当向资质认定部门提交书面申请和相关材料，并对其真实性负责。

（2）资质认定部门应当对申请人提交的申请和相关材料进行初审，自收到申请之日起 5 个工作日内给出受理或者不予受理的决定，并书面告知申请人。

（3）资质认定部门自受理申请之日起，应当在 30 个工作日内，依据检验检测机构资质认定基本规范、评审准则的要求，完成对申请人的技术评审。技术评审包括书面审查和现场评审（或者远程评审）。技术评审时间不计算在资质认定期限内，资质认定部门应当将技术评审时间告知申请人。由于申请人整改或者其他自身原因导致无法在规定时间内完成的情况除外。

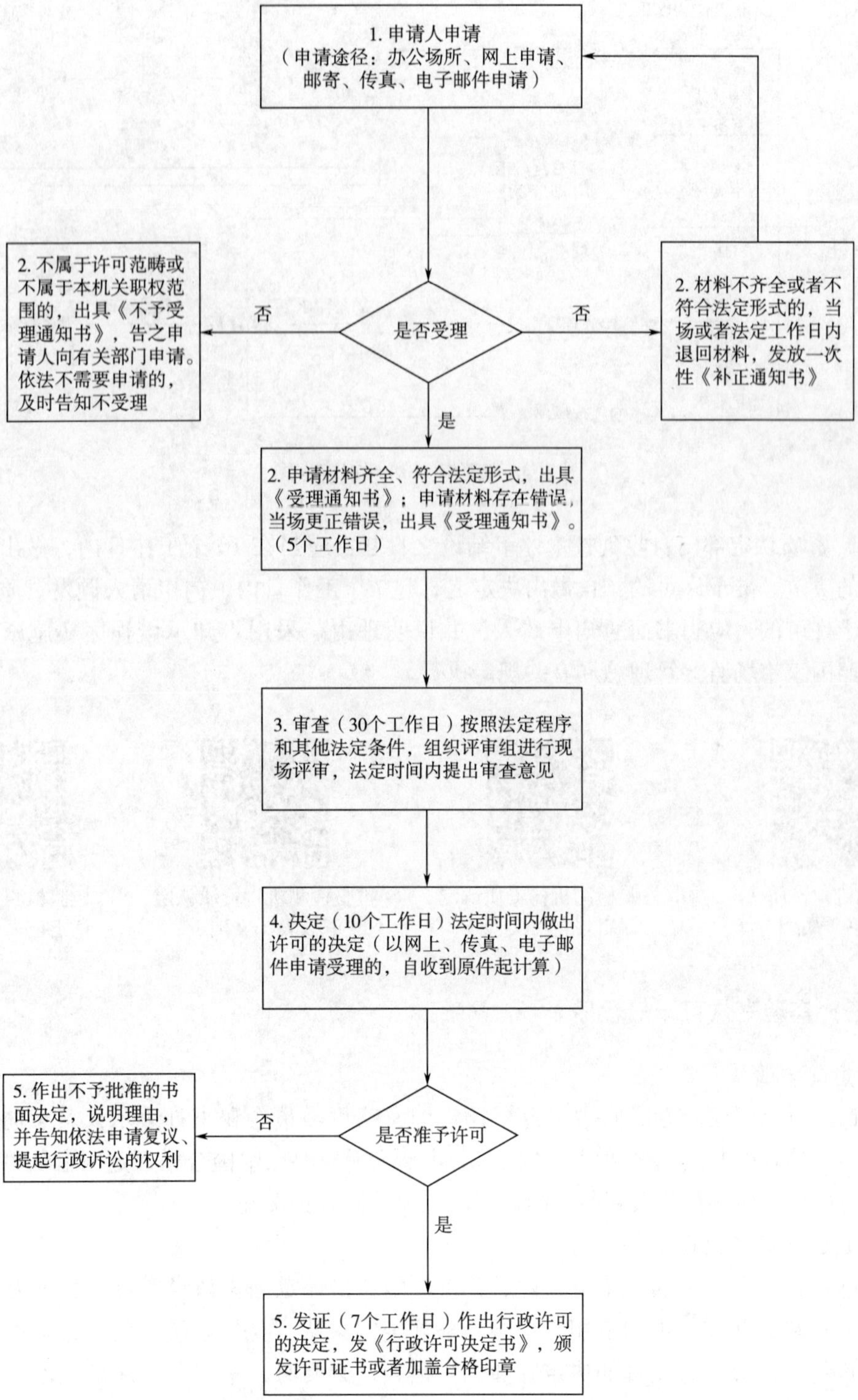

图 7-3　资质认定评审流程图

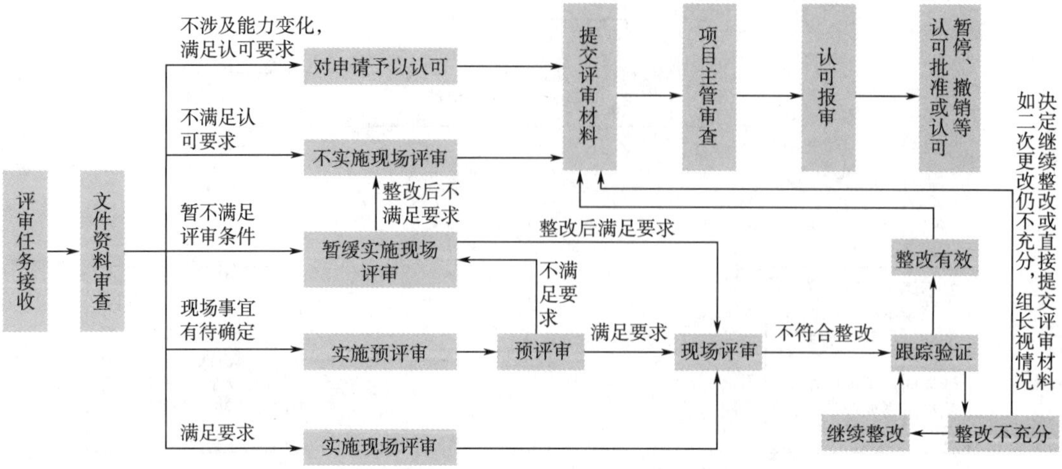

图 7-4　实验室认可评审流程图

（4）资质认定部门自收到技术评审结论之日起，应当在 10 个工作日内，做出是否准予许可的决定。准予许可的，自做出决定之日起 7 个工作日内，向申请人颁发资质认定证书。不予许可的，应当书面通知申请人，并说明理由。采用告知承诺程序实施资质认定的，按照国家市场监督管理总局有关规定执行。

检验检测机构资质认定申请书（文档）

检验检测机构资质认定评审报告（文档）

检验检测机构资质认定审核表（文档）

检验检测机构资质认定证书（图片）

（三）实验室认可一般程序

1. 意向申请

申请人可以用任何方式向中国合格评定国家认可委员会秘书处表示认可意向，如来访、电话、传真以及其他电子通信方式等。申请人需要时，中国合格评定国家认可委员会秘书处应确保其能够得到最新版本的认可规范和其他有关文件。

2. 正式申请和受理

申请人在自我评估满足认可条件后，按中国合格评定国家认可委员会秘书处的要求提供申请资料，并交纳申请费用。中国合格评定国家认可委员会秘书处审查申请人提交的申请资料，做出是否受理的决定并通知申请人。必要时，中国合格评定国家认可委员会秘书处将安排初访以确定能否受理申请，初访所产生的费用由申请人承担。在资料审查过程中，中国合格评定国家认可委员会秘书处应将所发现的与认可条件不符合之处通知申请人，但不做咨询。申请人应在规定期限内对提出的问题予以澄清或修改申请资料。自第1次向申请人反馈问题起，超过3个月仍不能满足受理条件的，不予受理认可申请。

一般情况下，中国合格评定国家认可委员会秘书处在受理申请后，应在3个月内安排评审，但由于申请人的原因造成的延误除外。如果由于申请人自身的原因，在申请受理后3个月内不能接受现场评审，中国合格评定国家认可委员会可终止认可过程，不予认可。

中国合格评定国家认可委员会申请表格（文档）

3. 文件评审

中国合格评定国家认可委员会秘书处受理申请后，将安排评审组长审查申请资料。只有当文件评审结果基本符合要求时，才可安排现场评审。文件评审发现的问题，中国合格评定国家认可委员会秘书处应反馈给申请人。必要时，中国合格评定国家认可委员会秘书处将安排预评审以确定能否安排现场评审，由此产生的费用由申请人承担。

4. 组建评审组

中国合格评定国家认可委员会秘书处以公正性为原则，根据申请人的申请范围（如检测/校准/鉴定专业领域、实验室场所与规模等）组建具备相应技术能力的评审组，并征得申请人同意。除非有证据表明某评审员有影响公正性的可能，否则申请人不得拒绝指定的评审员。对于无正当理由拒不接受中国合格评定国家认可委员会评审组安排的申请人，中国合格评定国家认可委员会可终止认可过程，不予认可。需要时，中国合格评定国家认可委员会秘书处可在评审组中委派观察员。

5. 现场评审

评审组依据中国合格评定国家认可委员会的认可准则、规则、要求、实验室管理体系文件及有关技术标准对申请人申请范围内的技术能力和质量管理活动进行现场评审。现场评审应覆盖申请范围所涉及的所有活动及相关场所。现场评审时间和人员数量根据申请范围内检测/校准/鉴定场所、项目/参数、方法、标准/规范等数量确定。

6. 认可评定

中国合格评定国家认可委员会秘书处将对评审报告、相关信息及评审组的推荐意见进行符合性审查，必要时要求实验室提供补充证据，向评定专门委员会提出是否推荐认可的建议。中国合格评定国家认可委员会秘书处提出的建议与评审组的推荐意见不一致时，中国合格评定国家认可委员会秘书处应将不一致之处通报被评审实验室和评审组。秘书处负责将评审报告、相关信息及推荐意见提交给评定专门委员会，评定专门委员会对申请人与认可要求的符合性进行评价并做出评定结论。中国合格评定国家认可委员会秘书长或授权人根据评定结论做出认可决定。

7. 发证与公布

中国合格评定国家认可委员会认可周期通常为2年，即每2年实施一次复评审，做出认可决定。中国合格评定国家认可委员会秘书处向获准认可实验室颁发认可证书，认可证书有效期一般为6年。

实验室认可证书（图片）

二、 实验室认证认可申请条件

递交申请时，实验室需按照申请条件，准备好相应的软件与硬件材料，包括场所、人员、设备、管理体系等。

（一）实验室资质认定申请条件

（1）依法设立，保证客观、公正和独立地从事检测、校准和检查活动，并承担相应的法律责任；第一方和第三方实验室可申请。有效的营业执照、事业单位法人证书或其他法人证明文件（经营范围应包含检验检测业务，不得包含设计、研制、生产、供应、安装、使用或者维护等业务）。

（2）具有与其从事检测、校准和检查活动相适应的专业技术人员和管理人员；从事特殊产品的检测、校准和检查活动的实验室，其专业技术人员和管理人员还应当符合相关法律、行政法规的要求；专业技术人员、管理人员劳动关系证明，即社保部门盖章确认的社保证明。

（3）具备固定的工作场所，其工作环境应当保证检测、校准、检查数据和结果的真实、准确。

（4）具备正确进行检测、校准和检查活动所需要的并且能够独立调配使用的固定的和可移动的检测、校准和检查设备设施。

（5）具有并有效运行保证其检验检测活动独立、公正、科学、诚信的管理体系。

（6）符合有关法律法规或者标准、技术规范规定的特殊要求。

（二）实验室认可申请条件

（1）第一方、第二方、第三方均可自愿申请。

（2）提交的申请资料应真实可靠，申请人不存在欺骗、隐瞒信息或故意违反认可要求的行为。

（3）申请人应对中国合格评定国家认可委员会的相关要求基本了解，且进行了有效的自我评估，提交的申请资料齐全完整、表述准确、文字清晰。

（4）申请人具有明确的法律地位，其活动应符合国家法律法规的要求。

（5）建立了符合认可要求的管理体系，且正式、有效运行6个月以上，即管理体系覆盖了全部申请范围，满足认可准则及其在特殊领域应用说明的要求，并具有可操作性的文件。组织机构设置合理，岗位职责明确，各层文件之间接口清晰。

（6）进行过完整的内审和管理评审，并能达到预期目的，且所有体系要素应有运行记录。

（7）申请的技术能力满足 CNAS-RL02《能力验证规则》的要求。

（8）申请人具有开展申请范围内的检测/校准/鉴定活动所需的足够资源，例如主要人员，包括授权签字人应能满足相关资格要求等。

（9）仪器设备的量值溯源应能满足中国合格评定国家认可委员会相关要求。

(10) 申请认可的技术能力有相应的检测/校准/鉴定经历，上述经历应覆盖申请的全部项目/参数。

办理申请时，在相应管理部门的网站上都有相应的申报材料及表格，按要求提交足够的认可申报资料。现在各认证认可机构都有相应的电子化办公程序，申请实验室认证认可时，首要任务是获取最新版的上报材料。相关电子化的文件可在相关机构的网站上获取，必要时要到相应的受理大厅咨询，防止填表材料的版本不一致，造成时间上的浪费。

申报材料应如实填报，一般包括实验室的概括证明材料以及需认可的能力的材料。填报完成后需按要求提交。一般现阶段提交工作都是通过网络相关软件实现，需按要求将相关材料扫描成电子版上传，申请者需预先熟悉相关软件的操作。

申请材料提交后，相关部门会在规定时限内给出意见。如提交材料有缺失、遗漏或错误的，受理初审人员会提出补正意见。实验室需在规定的时间内补正材料，直至通过文件初审。

材料初审通过后，受理人员会给出进行现场评审的意见，评审进入下一环节。

三、现场评审

现场评审包括对实验室技术能力的现场考核和对质量管理体系运行情况的现场检查。评审组依据相关认可准则、相关法律法规、实验室自定的质量手册、程序性文件对实验室申报的能力和支持的质量体系进行全面系统地评价，为审批部门批准认可提供依据。

评审组不但要检查实验室的质量管理体系与认可条件的符合性，更重要的是对实验室的实际技术能力进行考核，这是实验室认可和一般的质量体系认证的最显著区别之一。

(一) 现场评审的类型

现场评审的类型包括首次评审、变更评审、复查评审、扩项评审和其他评审。

1. 首次评审

对未获得资质认定或实验室认可的检验检测机构，在其建立和运行管理体系后提出申请，资质认定部门或实验室认可对其是否满足资质认定条件进行现场确认的评审。

2. 变更评审

对已获得资质认定或实验室认可的实验室，其组织机构、工作场所、关键人员、技术能力、管理体系等发生变化，资质认定或实验室认可部门对其是否满足资质认定或实验室认可条件进行现场确认的评审。

3. 复查评审

对已获得资质认定或实验室认可的实验室，在证书有效期届满前申请办理证书延续，资质认定或实验室认可部门对其资质是否持续满足资质认定或实验室认可条件进行现场确认的评审。

4. 扩项评审

对已获得资质认定或实验室认可的实验室，对于新开展的检测项目，待其检验条件具备后，向原发证机构提出申请后所进行的评审。

5. 其他评审

对已获得资质认定或实验室认可的检验检测机构，因资质认定或实验室认可部门监管、处理申诉投诉等需要，对检验检测机构是否满足资质认定或实验室认可条件进行现场确认的评审，常见的有定期监督评审、迁址评审等。

（二）现场评审的准备

1. 确定实施部门

资质认定或实验室认可部门受理申请材料后，可自行组织实施评审，或委托专业技术评价组织实施评审。实验室应将《申请书》《质量手册》《程序文件》相关说明以及评审工作用表转交专业技术评价组织。

2. 组建评审组

资质认定或实验室认可部门或其委托的专业技术评价组织，应根据被评审实验室的申请资质认定或实验室认可的检验检测项目和专业类别，按照专业覆盖、就近就便的原则组建评审组。评审组由 1 名组长、1 名以上评审员或技术专家组成。评审组成员应在组长的领导下，按照资质认定或实验室认可部门组织下达的评审任务，独立开展资质认定或实验室认可评审活动，并对评审结论负责。

其中评审组组长需代表评审组与被评审实验室沟通、协调、控制现场评审过程等工作。评审员和技术专家应按照评审组的分工，做好评审前的信息收集，负责管理要素的评审员应协助评审组组长做好前期文件审查工作，负责技术要素的评审员应协助评审组组长确定现场试验考核项目，负责评审报告中相关记录的填写。

3. 材料审查

评审组组长应在评审员或者技术专家的配合下对实验室提交的申请材料进行审查。通过审查提交的申请书，对实验室的工作类型、能力范围、检验检测资源配置以及管理体系运作所覆盖的范围进行了解，并依据评审准则及相应的技术标准，对申请人的《质量手册》《程序文件》等进行文件符合性审查，对管理体系的运行予以初步评价。

评审组组长应当在收到申请材料规定的工作日内完成材料审查，并将审查意见反馈资质认定或实验室认可部门的专业技术评价组织，当材料不符合要求时，由资质认定或实验室认可部门通知申请机构更改。

4. 下发评审通知

材料审查合格后，资质认定或实验室认可部门或其委托的专业技术评价组织向被评审的实验室下发《现场评审通知书》，同时告知评审组按计划实施评审。

5. 编制评审计划

评审组接到现场评审任务后，编写评审日程计划表。对评审的日期、时间、工作内容、评审分工等进行策划安排，并就以下问题与被评审的实验室进行沟通：

（1）确定评审的日程。

（2）确定现场试验项目。

（3）商定交通、住宿等安排。

（三）现场评审的实施

现场评审过程包括首次会议、考察实验场所、现场试验、管理体系评审、现场提问、现场座谈、授权签字人考核、检验检测能力确定、评审组内部会议、与实验室沟通、评审结论、末次会议等内容。

1. 首次会议

首次会议由评审组组长主持召开，评审组全体成员、检验检测机构最高管理者、技术负责人、质量负责人、部门负责人及相关人员应参加首次会议，其他需要参加人员由组长与机构协商确定，参会人员在检验检测机构资质认定现场评审签到表上签名。

首次会议一般不超过30min，会议内容包括：

（1）评审组组长宣布开会，介绍评审组成员；检验检测机构介绍与会人员。

（2）评审组组长宣读资质认定部门的评审通知，说明评审的目的、依据、范围、原则，明确评审将涉及的部门、人员。

（3）确认评审日程表，明确提交现场试验结果的时间。

（4）介绍评审的方法和程序要求，强调评审结论的判定原则。

（5）宣布评审组成员分工。

（6）向检验检测机构做出保密的承诺。

（7）澄清有关问题，明确限制条件（如洁净区、危险区、限制交谈人员等）。

（8）检验检测机构为评审组配备陪同人员，确定评审组的工作场所及评审工作所需资源。

（9）检验检测机构负责人介绍机构基本情况、评审准备工作情况和最近一次管理体系运行自查情况及其他需要说明的情况。

对于多场所检验检测机构，首次会议可根据情况采用不同的方式召开，如可集中在总部召开，也可通过视频会议的方式进行等。

2. 考察实验场所

首次会议结束后，由陪同人员引领评审组进行现场考察，考察实验室相关的办公及检验检测场所。现场参观的过程也是观察、考核的过程。有的场所通过一次性的参观之后可能不再重复检查，要利用有限的时间收集最大量的信息。在现场参观的同时要及时进行有关的提问，有目的地观察环境条件、仪器设备、检验检测设施是否符合检验检测的要求，并做好记录。现场参观应在评审日程表规定的时间内完成，防止由于实验室陪同人员过细地介绍，而影响后面的评审工作进程。也不要因个别评审员对某个问题的深入核查而耽误了其他评审员的时间。

3. 现场试验

实验室是否有相应的检测能力，应通过现场试验予以考核。通过现场试验，考核检验人员的操作能力以及环境、设备等保证能力。

（1）考核项目的选择　资质认定的首次评审和扩项评审的现场试验原则上要求申请的能力全部覆盖。实验室认可现场试验项目需覆盖申请范围内所有大类，复查评审时可根据具体情况酌情减少。

（2）现场试验考核的方式　对实验室的现场试验考核，可采取盲样试验、人员比对、仪器比对、见证试验和报告验证的方式进行。

（3）现场试验结果的应用　在现场操作考核中，如果盲样试验、人员比对、仪器比对的结果数据不合格，或与已知数据明显偏离，应要求实验室分析原因，如属偶然原因，可安排实验室重新试验；如属于系统偏差，则认为该实验室不具备该项检验检测能力。

（4）现场试验的评价　现场试验结束后，评审员应对试验的结果进行评价，评价内容包括所用的检验检测标准是否正确；检验检测结果的表述是否准确、清晰、明了；检验检测人员是否有相应的检验检测经验；检验检测操作的熟练程度如何；环境设施和适宜程度；样品的接收、登记、描述、放置、样品制备及处置是否规范；检验检测设备、测试系统的调试、使用是否正确；检验检测记录是否规范。

4. 管理体系评审

评审组应严格按照 RB/T 214—2017《检验检测机构资质认定能力评价　检验检测机构通用要求》及相关专业领域补充要求对被评审机构管理体系进行逐一评审，并重点关注以下内容。

（1）法人地位以及能否独立、公正运作的情况，关注经营范围是否与《检验检测机构资质认定管理办法》和 RB/T 214—2017 中 4.1 的相关要求存在冲突。

（2）人员的独立性（检验检测人员不得在两个及以上机构从业），关注人员社保证明或劳动合同。

（3）场地的使用权情况，检验检测场地若为租赁时，应产权清晰且签订长期租赁合同。

（4）检验检测机构的环境设施是否满足相关要求。

（5）独立支配的仪器设备配置情况，租用设备是否满足 RB/T 214—2017 的相关要求。

（6）仪器设备的量值溯源情况，提供量值溯源服务的机构能力的评价，校准/检定证书的信息量及确认情况。

（7）参加能力验证或检验检测机构间比对活动的计划及实施情况，关注能力验证或检验检测机构间比对活动的结果。

（8）内审和管理评审形成的纠正措施以及预防的实施和验证，是否取得预期的效果。

（9）检验检测机构对培训有效性的评价。

（10）出具的检验检测报告和记录的符合性。

（11）质量控制的全面性、充分性和有效性。

（12）人员监督的有效性、测量不确定度评定情况。

（13）相关专业领域补充要求。

评审组应通过对管理体系过程中产生的记录，以及检验检测过程中产生记录的查证，评价管理体系运行的有效性以及技术操作的正确性。

对质量记录的查阅应注重以下问题：

（1）文件资料的控制以及档案管理是否适用、有效、符合受控的要求，并有相应的资源保证。

（2）检验检测机构管理体系运行记录是否齐全、科学，能否有效反映管理体系运行状况。

（3）原始记录、报告或证书格式内容应合理，并包含足够的信息。

（4）记录做到清晰、准确，应包括影响检验结果的全部信息，如图表、全过程等。

（5）记录的形成、修改、保管符合体系文件的有关规定。

5. 现场提问

现场提问是现场评审的一部分，是评价实验室工作人员是否经过相应的教育、培训，是否具有相应的经验和技能而进行资格确认的一种形式。

实验室最高管理者、技术负责人、质量主管、授权签字人、各管理岗位人员以及所有从事检验检测活动的人员均应接受现场提问。现场提问可与现场考察、操作考核、查阅记录等活动结合进行，也可以在座谈等场合进行。

现场提问可以就法律法规、RB/T 214—2017、体系文件、检验检测标准、检验检测技术等方面提问；也可就评审中发现的问题、尚不清楚的问题做跟踪性或澄清性提问。对所有的提问应有相应的记录，以便做出合理的评审结论。

6. 现场座谈

通过现场座谈考核实验室技术人员和管理人员基础知识、了解实验室人员对体系文件的理解、澄清现场观察中的一些问题、交流思想、统一认识。座谈一般由以下人员参加：各级管理干部和管理岗位人员、内审员、监督人员、主要抽样和检验检测人员、新增员工。座谈中应该针对以下问题进行提问和讨论：对相关法律法规、RB/T 214—2017 的理解；对实验室体系文件的理解；RB/T 214—2017 和体系文件在实际工作中的应用情况；各岗位人员对其职责的理解；各类人员应具备的专业知识；评审过程中发现的一些问题，以及需要与被评审方澄清的问题。

7. 授权签字人考核

授权签字人是指由实验室提名，经过资质认定或实验室认可部门考核合格，签发检验检测报告和证书的人员。一般情况下，授权签字人应当满足如下条件：

（1）具备中级以上（含中级）职称或准则规定的同等能力。

（2）具备相应的工作经历。

（3）熟悉或掌握有关仪器设备的检定/校准状态。

（4）熟悉或掌握所承担签字领域的相应技术标准方法。

（5）熟悉实验室管理和检验检测报告或证书审核签发程序。

（6）具备对检验检测结果做出相应评价的判断能力。

（7）熟悉 RB/T 214—2017 以及相关的法律法规、技术文件的要求。

8. 检验检测能力确定

确认检验检测机构的检验检测能力是评审组进行现场评审的核心环节，每一名评审员都应本着依申请的原则，评审组可对能力进行规范性调整，调整应进行说明，但不能超出其申请的能力。如有特殊情况，本着便民原则，经评审任务下达负责人同意方可进行适当调整，但需机构提供书面补充申请，评审组确认后在评审报告中进行说明，形成闭环。能力确认应满足以下条件：

（1）申请检验检测项目或参数所依据的检验检测标准应现行有效。

（2）设施和环境须满足检验检测要求。

（3）检验检测全过程所需要的全部设备的量程、准确度必须满足标准规范的要求。

（4）所有的检验检测数据均应溯源到国家计量基准。

（5）检验检测人员应能正确完成检验检测工作。

（6）能够通过现场试验等证明其检验检测能力和能够出具正确可靠的结果，申请资质认定的检验检测项目应有检验检测经历。

确定检验检测能力时应注意如下问题：

（1）检验检测能力是以现有的条件为依据，不能以许诺、推测作为依据。

（2）临时借用设备的项目不能作为检验检测能力。

（3）检验检测项目按申请的范围进行确认，评审员不得擅自增加项目。

（4）被评审机构不能提供检验检测标准、检验检测人员不具备相应的技能、无检验检测设备或检验检测设备配置不正确、环境条件不满足检验检测要求的，均按不具备检验检测能力处理。

（5）同一检验检测项目中只有部分满足标准要求的，应在“限制范围或说明”栏内予以注明。

（6）实验室自行制定的非标方法，应在“限制范围或说明”栏内注明：仅限特定合同约定的委托检验检测。

9. 评审组内部会议

在现场评审期间，每天评审工作结束前评审组组长召开评审组内部会议，主要内容有：交流当天评审情况，讨论评审发现的情况，确定是否构成不符合项；评审组组长了解评审工作进度，及时调整评审员的工作任务，组织、调控评审过程；对评审员的一些疑难问题提出处理意见。最后一次评审组内部会议，由评审组组长主持，对评审情况进行汇总，确定评审通过的检验检测能力，提出不符合项和整改要求，形成评审结论并做好评审记录。会议结束后，应向被评审方代表通报评审结论并请对方对这些结果发表意见，需要时解答被评审方代表关心的问题或消除双方观点的差异。

10. 与实验室沟通

形成评审组意见后，评审组组长应与被评审实验室最高管理者进行沟通，通报评审中发现的不符合情况和评审结论意见，听取被评审实验室的意见。

11. 评审结论

评审结论分为“符合”“基本符合”“基本符合（需现场复核）”“不符合”四种。

（1）“符合”　是指体系文件适应质量方针目标，管理体系运作符合体系文件的规定，各要素条款不存在“不符合”“基本符合”情况。

（2）“基本符合”　是指管理体系尚未构成区域性不符合或系统性不符合，存在的不符合内容的整改可以通过书面的形式见证。

(3)“基本符合（需现场复核）” 是指当要素条款中的“不符合”“基本符合”的整改的有效性，不能通过文件的方式予以证明，必须通过现场的观察才能证实整改的完成。

(4)“不符合” 是指管理体系运行中，存在着区域性不符合或系统性不符合，或机构工作存在严重的违反国家有关法律、法规规定的事实。

12. 末次会议

末次会议由评审组组长主持召开，评审组成员全部参加，被评审单位的主要负责人必须参加。末次会议内容如下：

(1) 评审情况和评审中发现的问题。

(2) 宣读评审意见和评审结论。

(3) 对“不符合项、基本符合项”提出整改要求及具体的整改完成时间和验证方式。

(4) 被评审实验室对评审结论发表意见。

(5) 宣布现场评审工作结束。

评审组成员完成审批系统中所负责的内容确认，在评审报告及工作用表上签名，并将所有现场试验的报告和记录签名封存在被评审机构。被评审机构应将封存资料列入档案管理，做出妥善保管承诺。

(四) 现场评审的整改和材料上报

1. 现场评审的整改

现场评审后，检验检测机构在商定的时间内对评审组提出的不符合内容进行整改，整改时间不超过 30 个工作日，整改完成后上传审批系统报评审组组长确认。评审组组长在收到检验检测机构的整改材料后，对检验检测机构的纠正措施进行跟踪验证，并确认其是否有效，跟踪验证所采取的方式取决于不符合项的性质。

对于检验检测机构未按期完成整改的，评审组组长应及时报告资质认定部门，征得资质认定部门同意后，提出不予推荐的建议，并将此结果书面反馈给检验检测机构。对于在整改期内无法完成整改的项目/参数，评审组应不予推荐。

2. 评审材料汇总上报

评审组组长在收到检验检测机构的整改材料后，应在 5 个工作日完成跟踪验证，在网上确认提交。

项目实施

食品实验室资质认定现场评审分角色模拟

一、 目标

实景模拟食品实验室 CMA 评审现场：评审组提出查看实验室在人员、场所环境、设备设施、管理体系等方面的运行记录的要求，同时针对相关材料随机提问，实验室相关岗位人员能及时提供材料，并正确回答问题。通过该分角色模拟，了解体系中相关岗位工作职责；通过与模拟专家的交谈，培养良好的分析能力与沟通能力以及团结协作能力。

二、分析

拟建立的检测中心计划开展“GB 5009.3—2016《食品安全国家标准　食品中水分的测定》的检测，目前已完成申报，专家组已开展评审，正查询相关资料。作为实验室的成员，请你根据你所处的岗位，填写对应的记录材料（如人员培训记录、设备校准确认记录、人员监督记录、仪器使用登记记录、检测原始记录等），并回答问题。要求记录填写规范，回答问题符合岗位特点及资质认定的相关要求。

三、实施

（1）明确资质认定现场评审中的相关内容与评审要求。

（2）梳理前面所学相关内容，并进行资料的查阅。

（3）以小组为单位，分别模拟实验室的人员、设备、质量等方面的管理人员及检测人员，填写相关的人员培训记录、设备校准确认记录、人员监督记录、仪器使用登记记录、检测原始记录等并对填写的内容要点进行汇报。

（4）通过小组内互评、组间互评及教师评价三方面对任务结果综合打分。

四、评价

（1）以小组为单位完成任务，明确小组成员分工。

（2）根据小组成员参与程度及完成度进行组内互评。

（3）组间根据每组完成任务质量进行投票排序。

（4）教师根据组间互评及任务完成情况综合评价，具体见表 7-2。

表 7-2　　综合评价表

	姓名	得分
组内互评（30%）		
	平均分	
组间互评（20%）		

续表

	评价指标	分值	备注
教师评价（50%）	资质认定评审准则的查阅与学习	10	是否明确资质认定评审准则的具体要求
	文献查阅	10	查阅参考文献的渠道及有效性
	资料的整理、分析能力	10	思路是否清晰，表达是否流畅，是否体现团队的配合
	质量文件目录的完整性	20	要素是否齐全
实训成绩（满分 100 分）			

思考题

1. 实验室认可的定义是什么？实验室认可有何现实意义？

2. 实验室认证认可的作用是什么？

3. 实验室认可必须满足哪些基本条件？简述实验室认可和资质认定的区别与联系。

4. 实验室认可准则有哪些核心内容？

5. 试述实验室认证认可的基本流程。

6. 实验室现场评审常运用哪些基本方法？现场评审有何技巧？

7. 试述现场评审的准备流程。

8. 实验室认可中如何对实验室技术能力进行确认？

模块七 在线测试

参考文献

［1］刘艳霞．浅谈实验室化学试剂的管理［J］．广州化工，2013，41（4）：214-216.

［2］李建慧，等．检测实验室中标准物质的质量控制及管理［J］．食品安全质量检测学报，2020，11（18）：6289-6292.

［3］潘丽．浅谈标准物质管理及期间核查［J］．黑龙江纺织，2015，1：20-23.

［4］涂薇．实验室样品管理流程分析［J］．绿色科技，2015，4：219-220.

［5］刘向峰．检测实验室样品管理工作综述［J］．实验室科学，2016，2：184-186.

［6］刘世纯．实用分析化验工读本［M］．北京：化学工业出版社，2008.

［7］姜洪文，陈淑刚．化验室组织与管理［M］．北京：化学工业出版社，2004.

［8］马桂铭．化验室组织与管理［M］．北京：化学工业出版社，2004.

［9］刘珍．化验员读本［M］．北京：化学工业出版社，2015.

［10］诸君汉，等．实验室实用手册［M］．北京：机械工业出版社，1994.

［11］于世林，等．分析化学［M］．北京：化学工业出版社，2010.

［12］骆巨新．分析实验室装备手册［M］．北京：化学工业出版社，2004.

［13］张铁垣，等．化验室工作实用手册［M］．北京：化学工业出版社，2008.

［14］CNACL 中国实验室注册评审员培训教程［M］．北京：中国计量出版社，1999.

［15］中国实验室国家认可委员会．实验室认可与管理基础知识［M］．北京：中国计量出版社，2009.

［16］张斌．实验室管理、认可与运作［M］．北京：中国标准出版社，2004.

［17］昃向君．实验室认可准备与审核工作指南［M］．北京：中国标准出版社，2003.

［18］刘学惠．实验室认可准备与管理体系文件编写指南［M］．北京：中国标准出版社，2006.

［19］芮明杰．管理学［M］．北京：高等教育出版社，2021.